茶的故事

王旭烽 著

浙江摄影出版社

韋鴻臚

自序　009

壹　∷遥远的大茶树
　　——远古祖先派来的使者　011

贰　∷第一次亲密接触
　　——茶与人类的首次相遇　021

叁　∷无心插柳柳成荫
　　——风流文人的茶文献　029

肆　∷茶事的世说新语
　　——轻身换骨的仙浆琼露　039

伍　∷陆纳杖侄
　　——关于茶的『素』精神　049

陆　∷陆羽是怎样找到顾渚的
　　——一个茶人与一座茶山的叙事　055

柒　∷以酒开始，缘茶告终
　　——《兰亭集序》真迹是如何消亡的　067

捌　∷漉水囊的来历
　　——水为茶之母　075

目录

壹陆 ：：你既吃了我家的茶
——婚嫁中的茶
151

壹柒 ：：陈曼生和他的壶
——曼生壶如是说
157

壹捌 ：：片羽吉光也是诗
——生活中的茶文学
167

壹玖 ：：北国茶炊的追忆
——百年影像读刘茶
179

贰零 ：：奥林匹克旗帜下一片茶色
——英伦岛上的国饮
189

贰壹 ：：茶者神圣
——当代茶圣吴觉农
199

贰贰 ：：茶谱彩虹
——琳琅满目的茶类
209

尾声
223

玖

∷皇帝和他们的茶

——从宋徽宗的『大观茶论』说起——

085

壹零

∷且将新火试新茶

——从苏东坡的诗词读茶

095

壹壹

∷陆游与分茶

——末世中的慰藉

103

壹贰

∷器为茶之父

——茶具的世态

111

壹叁

∷马上喝藏茶

——雅安开始的茶马古道

121

壹肆

∷精彩纷呈的冲沏

——另一个皇帝的茶功勋

135

壹伍

∷扶桑之国的茶汤

——日本茶道中的禅语——

141

目录

贊曰祝融司夏萬物焦爍
火炎昆岡玉石俱燬爾無
與焉乃若不使山谷之英
墮於塗炭子興有力矣上
卿之號頗著微稱

自序

—— 关于茶的开场白 王旭烽

大千世界，万般饮料，没有哪一种，比茶与人类更为亲和了。

那么简朴的一片叶子，距今七八千万年前诞生，五千年前与人类遭遇，从此相伴相生，直到今天。

人们总说茶是平凡的，普通的，不起眼的——虽然它实际是神奇的，绝妙的，在人们的日常生活中，它几乎是万能的。

您用您一生的时光，也未必能够讲完茶的故事，更不用说听完茶的故事了。因为茶有无数的版本，茶与世界万物，发生着万千的关系。每一种结合，都由无数的故事组成。

然而，茶与万物间最精彩的关系，依然发生在茶与人类之间。因此，关于茶的故事，往往是与茶人结合在一起的。

每一个茶的时代，都会诞生不同的茶人。比如上古时代会出现神农，传说中他一天尽尝七十二种野草，中毒后幸有茶得以化解；中国唐代出现了"茶圣"陆羽，自从陆羽生人间，人间相学事新茶；17 世纪出现了英伦饮茶皇后凯瑟琳，开始了这个不产茶国家的大规模品饮历史；现代中国出现了吴觉农，在他引领下，华茶开始了现代化的征程。古往今来，多少茶人茶事，如片片茶叶，浸润出一盏永恒的芳茶。

中国是茶的故乡，讲茶的故事，自然也从中国开始；茶是物质与精神的结合，讲茶的故事，自然要从承载精神的载体开始；古老的大茶树是茶起源的追溯原点，而茶的终点却遥遥未有终期。

这些点到为止的故事，原本只是一扇扇窗子，透过它，我们看到了弥谷披冈的茶园，阳崖阴林的茶山，我们看到连接天空大地的绿色世界。

我们还看到了那些由茶精神凝聚而成的神清气爽的茶人，他们走到哪里便把乾坤清气带到哪里，世界因为有了他们而呈现出特有的真善美。

好吧，现在，且瀹一盏茶，就让我们开始我们的茶故事吧……

茶的故事（项一中／摄）

注：本书插图除署名外均为资料图片及作者提供图片，每篇篇首装饰图选自浙江人民美术出版社于 2013 年出版的《茶具图赞（外三种）》。

壹

遥远的大茶树

—— 远古祖先派来的使者

从前，到我所工作的地方——"中国茶都"杭州的中国茶叶博物馆，是要经过一片茶园的。走过那里，恍若在绿浪间游泳。茶叶托着亮晶晶的露珠，围绕在我的腰间，伸出手去，我便采到了茶上的珍珠。

以后才知道，与我日夜相处的只是茶的一种，如果我们一定要用茶的身材来评价一株茶树的话，我眼皮子底下的这些茶蓬，只能算是茶的袖珍公主了。

从中国东南，往西南走再往西南走，横穿中国，一直走入丛林，走入"茶圣"陆羽所说的"阳崖阴林"之中。而茶的身躯，也正在随着故乡的接近而越来越威风，它向着高高的蓝天伸展而去，像童话中那些摇身一变的巨大神灵。

如果我指着它们说，这就是茶，有人是要惊异得张开嘴巴的。他们会想，这怎么可能呢，这些仰起了头看时帽子都要掉在地上的巨无霸，难道就是在我们江南的小桥流水旁默默无闻地蹲着的那些绿色美人吗？

然后您将知道，茶在丛林之中，是可以用男性的"他"来称呼的。

在那遥远的地方，原始森林中那古老的大茶树，他们被认为是全世界所有茶树的祖先。其实，茶的祖先比它们更古老，我们倒不妨把它们作为远古祖先派来的使者吧。

保山野生大茶树

生命起初，茶已然具备了隐者的所有潜质。

距今七八千万年前，地质年代的新生代，茶被大自然选中，萌生在劳亚古大陆南缘热带和亚热带的原始森林。

这里气候炎热，雨量充沛，是热带植物区系的大温床。

三千万年前，当喜马拉雅山从海洋深处不可一世地庞然隆起，茶，这片似乎微不足道的叶子，开始不动声色地塑身成形。

这是恐龙开始消逝的世纪，这是茶开始萌芽的世纪。

茶是淡定的，内敛的，它被苍茫群山高峰托起，却仿佛与生俱来地知晓匿迹。它凝聚在生命暗处——无数植物同类的背后。公正的阳光理解它的选择，以漫射的方式照耀着它；水在此时则提供了光合作用最好的要素——这片叶子，便在云蒸霞蔚中披上薄纱，静卧在造化之间，吸收那日月精华，修炼着不坏之身。

数千万年间，地球历经劫难，二百五十万年前，北半球再次被冰川覆盖，"天地不仁，以万物为刍狗"，众多生命，纷纷灭绝，茶在其中经历着万千浩劫。

何其幸运，位于中国西南的云贵川，冰河灾害较轻。那山岭重叠、河川纵横、气候温湿、地质古老的古巴蜀原始森林，由此成为古热带植物区系的避难所、茶的劫后余生之地。

即便是在茶的纯自然属性中，我们依然可以窥探到最奥妙的人文意趣。

在植物分类系统中，茶树属于种子植物中的被子植物门，双子叶植物纲，原始花被亚纲，山茶目，山茶科，山茶属。瑞典植物学家林奈将茶树的最初学名定为 Thea sinensis L.，其中 sinensis 就是拉丁文"中国"的意思。由此亦可证明，茶树是原产于中国的一种山茶属植物。

大自然辟出了最符合天意的茶之原乡，只为这植物世界的幸存者，能穿越时光隧道，终与人类相逢。那么，就让我们到茶之故乡的密林深处去探访它们吧，一切终将从事物的本源开始。

茶树，从植物学角度考量，可分成乔木型、半乔木型和灌木型。其中乔木型的茶树，树形高大，主干明显、粗大，枝丫部位高，多为野生古茶树。中国的野生大茶树是有高度人文内涵的植物，被列入中国文物保护行列，成为茶的至关重要的精神象征物。

中国目前已在十个省区近二百余处发现野生大茶树，云南大茶树是最有代表性的，曾经有三株大茶树最为典型，它们是：西双版纳勐海县南糯山人工栽培八百年的南糯山大茶树，普洱市澜沧县富东乡邦崴村野生至栽培的过渡型千年邦崴大茶树，以及生长在西双版纳勐海县巴达乡大黑山原始森林中有一千七百年树龄的巴达原始大茶树。

云南勐海县的南糯山，那株人工栽培八百年的古茶树，人称"茶树王"。遥远的古代，不知道居住在这里的哪一位先人亲手种下了它。我们

右图 南糯山栽培型大茶树

左图 南川野生大茶树

只知道，生活在南糯山的哈尼族人，种茶的历史，已有五十五代之久了。

在中国茶叶博物馆茶史厅，进入厅门，扑面而来的，便是这株茶树王的大照片。它长得郁郁葱葱，一派原始古树的气息，从画面上看，实在是大气得很，深刻得很呢。有谁能与这样古老的茶树进行精神较量呢，门外那些灌木茶蓬与之一比，不知稚嫩到哪里去了。

茶树王孤傲于世，仿佛不食人间烟火，但人们却偏偏忘不了它。人们被它的不老精神折服了，它越淡泊明志，人们就越向往它。扶桑之国的人们，不远万里地来寻根了。这个岛国的茶人们，的确是热衷于寻找一切茶事物的祖庭的。他们发现，茶道的本源，竟在不远万里的中国那湿润温热的森林之中。他们披荆斩棘来到深山，也带动了世界各地不少爱茶的人们，口口相传，众口皆碑，这株古茶树竟因为人们的朝拜而开始走红，它就在很短的时间内几乎成了茶树界的明星。我敢说这真的不会是这株古茶树的本意。然而，人类仿佛天生就有着这样一种崇拜欲，哪怕崇拜一棵树。就这样地一传十十传百，来看它的人越来越多，于是，世界银行和当地政府毫不犹豫地掏腰包，共同修筑了一条824米长的台阶路。

对渴望这株树名扬四海的人，这肯定是一种良性循环，可是对我们这株八百年的茶树老寿星而言，这可实在是一件受折磨的事情。岁月不饶人哪，它毕竟已经八百岁了。不知什么原因，20世纪90年代初，它生病了，茶叶专家们便写了很多的论文来讨论它的病，中国和外国的专家们还为它会了好几次的诊，我们的古茶树，便俨然成了茶树圈子里德高望重的有过巨大贡献的"老干部"。

1993年中央电视台拍摄中国第一部大型茶文化纪录片《话说茶文化》时，担任撰稿的我，特意介绍了这株大茶树。但摄制组带回来的录像带却告诉我，茶树王老了，就在我的朋友们专程探访的前三天，它訇然倒下了。我见了它躺在地上的样子，心中实在是伤感，想象它的永逝是与人有关的。老茶树既然见了人，便不免地要有一些礼节，人们拥抱它的事情也是时常地发生，也可能还要带些什么作为纪念，哪怕一片叶子也好，却不知那每一片的叶子，都是我们老祖宗的头发梢梢啊。天长地久，过多的关注，反而使茶树王枯萎了。

佤族茶园

主干是倒了，但枝干却又长得欣欣向荣，尤其让人感动的是，新枝干上竟然又长出了一朵茶花。这孤孤单单的一朵茶花，报告的究竟是怎样的生命的消息呢？它泰然自若地生在枝头，也是一派宠辱不惊的大气。

南糯山八百年的老茶树，您安息吧，因为您已后继有人了。

如果说，八百岁的老茶树还是人工栽培而成的话，勐海县巴达大黑山的古茶树，可是正儿八经野生的。算起来它从三国时期就开始生长，已有一千七百岁，也实在可以说是南糯山茶树王的爷爷了。我的朋友们告诉我，在云南这样的大茶树，还有许多株呢。如果说，人活百岁是人之瑞的话，那茶活千岁，称为茶之瑞，也是不为过的吧。

1961年人们刚刚发现它的时候，它完全可以说是一株参天大树呢，树高32.12米，可谓雄居西南，直入云天了。也可能是它长得实在太高了，应了中国人"树大招风"的古训，被狂风给吹折了一半，只有15米高了。但是矗立山间，也起码有三层楼的高度。从前，当地人是常要爬到它身上去采茶的。按"茶圣"陆羽的说法，"其巴山峡川，有两人合抱者，伐而掇之……""茶圣"说的是巴山峡川，其实，云南的亚热带大森林里，这些"伐而掇之"的茶树从前也比比皆是。边民们腰里插着砍刀，爬上这高高的大茶树，把枝叶砍将下来，然后用手把叶子捋下，制成可供品饮的茶叶。这棵大黑山古茶树，想必也有过这样的日子吧。如今可不同了，这样的茶树，不仅是国宝级的茶树，还是全人类的宝贝，从那上面掉一片叶子，我们的茶人都要心痛的呢。

2013年伊始，网上登载一则图片新闻，我们这株茶祖宗爷爷终于寿终正寝了。是喜丧啊，乡亲们抬着已经訇然躺下的茶祖宗，要把他送到供人瞻仰的陵寝中去呢。

我知道云南邦崴有一株大茶树，还是20世纪90年代初在法门寺开国际茶文化会议时，一个名叫黄桂枢的著名茶人告诉我的。他是当年云南思茅地区（今天的普洱市）文管所的所长。一个偶然的机会，他知道了有人在澜沧拉祜族自治县富东乡邦崴村，发现了一棵野生至栽培的过渡型千年邦崴大茶树。这棵大茶树衔接了从野生到栽培之间的这一环节，一时轰动了茶学界。因此，这棵茶树，便与南糯山茶王、巴达茶王相提并论，成为"世界三大古茶树"之一。

我们人类，往往容易忽略那些具备过渡状态的东西，这也许和我们在审美上总是渴望纯粹、渴望完整是有关系的。然而，我们若肯细想，便会明白，世界是靠过渡而绵延的。当这种过渡呈激烈状态时，我们称它为革命；当这种过渡呈平和状态时，我们称它为改良。第一个吃螃蟹的人，是否可以称之为饮食上的一位革命者呢？当然，茶树看上去温文尔雅，没有螃蟹的张牙舞爪，但把茶树从野生发展为人工栽培，也可算得上是一种茶叶文明史上划时代的革命吧。

邦崴老茶树是迄今为止世界上最早发现的过渡型老茶树，它是澜沧古代先民濮人，也就是布朗族的先民对古茶树进行栽培的产物。为了向这个古老的茶的民族致敬，我在我的小说"茶人三部曲"中，特意设计了两个云南边民茶人形象：一位叫老邦崴，他是茶马古道上的一位赶马人；另一位叫小布朗，是出生在云南大茶树下的茶人家族中的第四代茶人。

茶的世界很神奇，它不断地给我们惊喜，今天，又有新的发现向我们呈现了。千家寨一号野生茶树王，位于海拔2600多米的哀牢山中，树高25米，树幅22×20米，胸围2.82米，它是目前发现的最大、最老的活着的野生茶树。

云南中部哀牢山的茶马古道上的镇沅千家寨，有着"一夫当关，万夫莫开"的险要地势，悬崖绝壁间曾是土司、商霸、兵匪的必争之地。传说百年前这条古道，山间铃响马帮来，盛时每天有八百多匹骡马和一千多位商人通过。悠悠马队驮着布匹、丝绸、烟丝等各色百货往西南而去，驮回来的正是洋烟、盐巴、茶叶和野生动物的皮毛。这森林的海洋中，游弋着彝族的粗犷、花腰傣的柔美、哈尼族的奔放和佤族的狂热。而那些割舍不断的情怀和动人的故事、隐秘的梦想，则被永远地留在了这一望无际的常绿阔叶林间。

云南镇沅千家寨大茶树

古道上，位于镇沅县境东北的千家寨，有一座神秘的遗址——石板砌筑的关隘寨门。传说清代时人们为躲避战乱，纷纷迁入哀牢山大森林中，建盖家园。此处曾经住过千户人家，因而得名"千家寨"。如今人去楼塌，只留下颓房、石磨、石缸、炮台、城墙。残墙内古木参天，青藤蔓绕，从此与哀牢山的岁月融为一体。

遗址北部约 2 公里的原始密林中，隐藏着总面积达 28747.5 亩的散生野生古茶树群落。它也是全球目前发现面积最大、最原始、最完整的以茶树为优势树种的植物群落，那株被今人认为最古老的野茶树，便昂然挺立在其中。

千家寨这大片的古茶树群，虽说是 20 世纪 70 年代政府组织在此地勘测水利时才发现的，但附近的百姓很早就知晓它的存在。1991 年春，大黑箐社村民罗忠甲、罗忠生两兄弟在千家寨上坝发现一株巨大的野生古茶树王，此项发现轰动一时。1996 年秋，在镇沅县召开了"哀牢山国家自然保护区云南省镇沅县千家寨古茶树考察论证会"，结合千家寨古茶树的地理纬度、海拔与水热状况等资料，专家们综合推算：千家寨上坝古茶树树龄约为两千七百年，命名为千家寨一号；千家寨小吊水头野生古茶树树龄约为两千五百年，命名为千家寨二号。

两千七百年树龄，也就是说，中国公元前 7 世纪，齐桓公、晋文公、楚庄王等"春秋五霸"相继在中原叱咤风云之时，这株茶树已经破土而出，气壮山河，遗世独立了。

2001 年初，千家寨树龄两千七百年的一号古茶树王获上海大世界基尼斯总部授予的最大古茶树"大世界基尼斯之最"的称号。同年 4 月，中外专家、学者及当地群众，在一号古茶树下，为"世界茶王举世无双"纪念碑举行了揭幕仪式。

镇沅千家寨迄今为止已发现的世界上最大的野生茶树群落和最古老的野生茶树王，是古茶树的"活化石"，对于研究茶树原产地、茶树群落学、茶树遗传多样性及茶树资源研究利用都具有重大意义，受到国内外茶叶界、植物学家和生态学家的关注。千家寨野生茶树王的威名，从此传遍世界。

古老的大茶树从丛林深处走来，风雨兼程，沧桑扑面，千辛万苦，带来了祖先的消息，它们便也由此而烙上了光荣的印记，成了特殊材料制成的、享有非凡声誉的茶树。因此，当青花瓷杯里漂浮起茶的绿色之时，我会常常想起那些远方的大茶树；而当我想起它们时，又怎么可能不想起那些最早发现它们的先人呢？

木诗制

贰

第一次亲密接触
——茶与人类的首次相遇

　　为什么我们会推论第一次接触茶的人为神农呢？理由似乎很简单，因为中国古代经典有记载。在中国"茶圣"陆羽所著的世界上第一部茶学专著《茶经·六之饮》中，陆羽说："茶之为饮，发乎神农氏……"说的是茶作为一种饮料被人类所用，是从神农开始的。历代茶文化研究者，一般均以此为据，证实茶与人类的第一次亲密接触，是从距今五千多年前上古时期的神农时代开始的。

　　作为一个上古时期的传说人物，人们第一次看到他的"光辉"形象，大多是在经典专著的插图中。当年中国茶叶博物馆"茶史厅"的展陈设计中，就出现过这样一张图像。这幅不知出于何年何人之手的木刻版神农像，画上的神农是位中老年男性，他浓眉大眼，须发厚重，身披兽皮草毡，谢顶，头上生有两角，人说此为牛角，这亦是神农被传为牛首人身的形象写照。

　　仔细看，这位神农没有门牙，双手各执植物枝叶，并以右手将枝叶送入嘴中。有人演绎传说，神农咀嚼的正是茶叶。

炎帝神农氏

中国茶叶博物馆将此画像上墙，认神农氏为茶史开端的第一人。

那么，神农究竟是个什么样的人呢？陆羽在《茶经·七之事》中开篇便说："三皇，炎帝神农氏。"所谓"三皇"，是历史上具有神性地位的三位神话人物，在传说和史书中，他们分别有过几组不同的排列：一组为伏羲、女娲和神农；一组为燧人、伏羲和神农；一组为伏羲、神农和祝融；还有一组为伏羲、神农和黄帝。其中最后一组认可度最高，因其影响力而得到推广，所以伏羲、神农、黄帝成为中国上古社会三位杰出的帝王。

我们可以发现，不管是哪一个组合构成的"三皇"，神农都在其中，可见神农在"三皇"中地位之牢不可破。

神农也被称为炎帝，也就是炎黄子孙中的那个"炎"，想来这个"炎"字和火与光芒是分不开的，因此，在中国的上古传说中，神农亦被视为太阳神。

传说，距今五千五百年至六千年前，神农出生于姜水之岸，也就是今天陕西的宝鸡市境内。传说他姓姜，这可是一个高贵的姓氏。和一切神话人物传说一样，神农的出生与童年便与众不同。传说他母亲名叫女登，是

陆羽说："茶之为饮，发乎神农氏……"说的是茶作为一种饮料被人类所用，是从神农开始的

女娲的女儿，有一次外出游玩时看到巨大的石龙，激动万分，感兴成孕，竟然就生下了神农。要那么排序，那神农就成了造人的女娲的外孙，女娲也就成了神农的外婆了。

那么，神农的父亲又是谁呢？《纲鉴·三皇纪》这样说："少典之君娶有蟜氏女，曰女登，少典妃感神龙而生炎帝。"这位少典，是原始社会时期有熊部落的首领，后人有的称之为有熊国，少典便被称作有熊国国君。传说他娶了俩姐妹，妹妹生了黄帝，姐姐女登怀孕，生了炎帝，取名榆罔。三天能言，五天能走，七天长全牙齿，三岁便知种庄稼常识。按说他应该算是个神童，少年得志才对，但据说就因为他相貌长得很丑，牛首人身，脾气又火爆，少典不大喜爱，就把母子俩养在姜水河畔，所以，炎帝长大后就以姜为姓。

神农既然有这样的出身，自然就处处与众不同。成年后他身高八尺七寸，有龙颜大唇，成为传说中上古部族的领袖，亦被称为炎帝，是中华文明历史长河中农耕和医药的发明者。

彼时，人类已进入新石器时代的全盛时期，原始的畜牧业和农业已渐趋发达，神农则是这一时期先民的集中代表。我们先说神农是农业的发明者。《周易》系辞下第八中说："包牺氏没，神农氏作，斫木为耜，揉木为耒，耒耜之利，以教天下，盖取诸益。"这里说的是神农发明了农业工具，教天下人学会了如何种庄稼。

我们再说神农是医药之祖，这就和茶沾上边了，因为茶界一直有药草同源、茶为百药之药之说。

关于神农尝百草的神话，流传久远，至今不衰。"医药之祖"的封号，正是从神农尝百草的传说中而来的。

《史记·补三皇本纪》就说："神农氏作蜡祭，以赭鞭鞭草木，尝百草，始有医药。"《淮南子·修务训》说："神农尝百草之滋味，一日而遇七十毒。"晋干宝《搜神记》说："神农以赭鞭鞭百草，尽知其平毒寒温之性，臭味所主，以播百谷。"《述异记》说："太原神釜冈中，有神农尝药之鼎存焉。成阳山中，有神农鞭药处。"为了怀念他，旧时的药铺里，常挂着一幅画像，那是一个浓眉大眼、笑容可掬、腰围树叶、手执草药的人，他就是神农氏。

这些记载，都说了神农尝百草遇毒，始知如何用草药解毒，但都没有神农尝百草中毒，以茶为解药，救了性命之说。那么，为什么"茶圣"陆羽要把神农作为最早开始接触茶的鼻祖呢？后人的解释，一是说陆羽正是从前人关于神农尝百草中的那些记载中，推论出神农发现了茶；还有一种解释，就是当时的陆羽，一定听说过不少关于神农尝百草时与茶相遇的民间传说，故果断地把神农作为茶的发现者写入《茶经》。

那么，且让我们来看看，关于神农与茶，究竟有哪些传说故事。

故事之一：有一天，神农在采集奇花野草时，尝到一种草叶，顿时口干舌麻，头晕目眩。他放下草药袋，背靠一棵大树斜躺着休息。一阵风过，他闻到一股清鲜香气，但不知这清香从何而来。抬头一看，只见树上有几片叶子飘然落下，他心中好奇，信手拾起一片放入口中慢慢咀嚼，味虽苦涩，但有清香回甘之味，神农索性嚼而食之，顿时便觉舌底生津，精神振奋，头晕目眩减轻，口干舌麻渐消。这让他非常奇怪，再拾叶子细看，发现其叶形、叶脉、叶缘，实在与一般的树叶不同。有心的神农索性又采了些芽叶、花果而归，回家后再试着煮饮，效果果然不凡。神农便将这种树定名为"茶"，这就是茶的最早发现。神农在野外觅食中毒，恰有树叶落入口中，服之得救。以神农过去尝百草的经验，判断它是一种药，茶就此而发现，这是有关中国饮茶起源最普遍的说法。

故事之二：说神农身体玲珑，又有一个水晶肚子，由外观可看见食物在胃肠中蠕动的情形。有一次他偶然在尝百草时，嚼到了茶叶，竟发现茶在肚内肠中来回擦抚，把肠胃中的毒素洗涤得干干净净，因此神农称这种植物为"擦"，再转成"茶"字，成为"茶"字发音的起源。

故事之三：神农尝百草时，随身带着一只能看到五脏六腑、十二经络，帮助他识别药性的獐鼠。一天，獐鼠吃了巴豆，腹泻不止，神农把它放在一棵青叶树下休息，过了一夜，獐鼠奇迹般地康复了，原来是獐鼠吸吮了青树上滴落的露水，解了毒。神农摘下青树的青叶放进嘴里品尝，顿感神志清爽、甘润止渴。从此，神农教人们种了这种青树，它就是现在的茶树。为此，今天的神农架，还流传着这样的茶歌：茶树本是神农栽，朵朵白花叶间开。栽时不畏云和雾，长时不怕风雨来。嫩叶做茶解百毒，每家每户都喜爱。

故事之四：说的是神农在室外的火炉上烧水的时候，附近灌木丛的一片叶子落到了水中，并停留了一段时间，神农注意到水中的叶子散发出了一种怡人的香气，他决定尝尝这种热的混合物，没想到相当可口。就这样，世界上最受欢迎的饮料——茶，诞生了。

故事之五：神农给人治病，不但需要亲自爬山越岭采集草药，还要对这些草药进行熬煎试服，以亲身体会、鉴别药剂的性能。有一天，神农采来了一大包草药，把它们按已知的性能分成几堆，在一株大树下架起铁锅，生火煮水。水烧开时，神农打开锅盖，转身去取草药时，忽见有几片树叶飘落在锅中，当即又闻到一股清香从锅中散发出，神农好奇地走近细看，只见水中汤色渐呈黄绿，并有清香随着蒸汽上升而缓缓散发。他用碗舀了点汁水喝，只觉味带苦涩，清香扑鼻，喝后回味香醇甘甜，而且嘴不渴了，人不累了，头脑也更清醒了，不觉大喜。于是从锅中捞起叶子细加观察，似乎锅边没有此树，心想：一定是天神念我采药治病之苦，赐我玉叶以济众生。从此，神农一边继续研究这种叶子的药效，一边涉足群山寻找此种树叶。一天，神农终于在不远的山坳里发现了几棵野生大茶树，其叶子和落入锅中的叶片一模一样，熬煮汁水黄绿，饮之其味相同，确有解渴生津、提神醒脑、利尿解毒等作用。因此，在百草之外，认为茶是一种养生之妙药。据说，当年神农发现的，就是今天被人们称作茶的树叶。

这些年来，茶学界一直转述这样一句话："神农尝百草，日遇七十二毒，得茶而解之。"据说这句话摘自中国古代假借神农所著而问世的《神农本草经》。但真正考据起来，目前在任何版本的《神农本草经》中都还没有找到这句话的出处。因此，说茶能够解毒之事出于《神农本草经》，目前来看，是有待于文献或出土文物来证实的。

其实，神农就是一个传说人物，折射的是茶与人类之间最初关系的缘起。虽然神农在后世的传说里活灵活现，牛首人身，头上长角，嘴缺门牙，底版还是个男人。然而这个男人并非被确证为上古时代的部族领袖。后来的学者们研究说，他可能是部落领袖们的集体象征，或可能就是一个部落，也可能是后来的人重新杜撰的。不管如何地不确定，有一条是肯定的：中国西南的原始森林里，生长着一种山茶属的距今七八千万年前的常绿植物，原始社会的部族领袖和巫医们，为鉴别可吃食物，亲口尝试百草，发现茶可解毒。此举既符合当时的社会实际，也有一定的科学根据。

关于神农的神话传说，反映了中国原始时代从采集、渔猎进步到农业栽培阶段的情况。而这个时代，正是中国上古时代的母系氏族社会。我们再说一句大白话，那个时代，就是女人当家的时代。而在母系氏族社会的部落领袖与巫医中，女性一定占有着举足轻重的地位。如果我们把神农理解为当时部落领袖的象征性人物，那么这位所谓的男性首领，其实已经集中了包括女性在内的诸多部族领袖的特质。甚至我们不妨大胆一点地猜想，也许那个神农根本就是一个女人。

这也是可以合理想象的：将一种陌生的不曾食用的植物绿叶，作为可供食用的药品，一定经历了无数次的实验，一定要有众多的参与者和权威的拍板者。我们可以推测坐在火塘边的某位女首领，和她的女助手一起尝试茶汤的滋味，这场景有点像《红楼梦》中荣、宁二府的一群女人围着贾母，讨论家族大事。男人也是有的，站在旁边听命，接受女人的指示。由此，我们是否可以这样初断：在中国，茶的发现和利用始于原始母系氏族社会，在人类与茶的最初的亲密接触中，女性便参与其中，并起着不可或缺的决定性作用。

茶的诸多济世医人的品质，既应了先民求医之需，在口感、药性上又可作日常保健养生食物，故在百草中占得重要一席。而在中国文化发展史的叙述之中，人们往往把一切与农业、植物相关的事物起源归结于神农氏。

所以，虽然目前没有在《神农本草经》中发现"以茶解毒"的史料，但茶与人之间最初建立的药患关系，还是可以被认可的。这说明人类与茶的第一次亲密接触，是以茶对人类的拯救和维护人类生存繁衍的方式开始的。中华文明最初的根从大地原野上生长，中华传统文化基于农耕生产，民族情感的源头也就在这里。生长在大地上的植物——茶，因为它的农耕性，为我们的先人所喜爱，这是顺理成章的。历史选择了神农这样一位传说中的伟大先人，作为发现茶的第一人，茶与人类的第一次亲密接触就此开始，如此相得益彰，不是最美好最合理的传说吗？

上應列宿萬民以濟稟性剛直
摧折彊梗使隨方逐圓之徒不
骷保其身善則善矣然非佐以
法曹資之樞密亦莫能成厥功

丁云鹏《烹茶图》（局部）

叁

∴无心插柳柳成荫

——风流文人的茶文献

　　究竟什么时候人类开始真正喝茶了？从春秋到战国，又从战国到秦汉，公元前 770 年到公元 220 年，这近千年间，从政治制度上看，中国自奴隶制进入封建制，文化上从春秋的百家争鸣到汉代的独尊儒术，其间几个朝代大开大阖，国家激烈动荡，百姓朝不保夕，苟活人间者又有多少精神领域里的突围厮杀。何以解忧，不唯杜康，茶作为一种饮料，悄然开始潜入当时社会。此时，中国茶业初兴，中国茶文化初露端倪，我们可以说，从初品这绿色的饮料开始，茶就占据了人类精神的制高点。

　　春秋时期，虽然说《诗经》里面出现了七处"荼"字，但"荼"这个字，古意有多种解释，可以理解为苦菜，也可以理解为茅草，还可以理解为茶。我们常用《邶风·谷风》中的"谁谓荼苦，其甘如荠"这句诗来形容茶，其实这个"荼"也未必是茶。但上古时期的人们，食物来源主要靠采集树叶、野草和野果之类的植物性食物，以及靠原始的狩猎去获得肉食

性食物。茶树嫩芽在人们不经意的时候成为基本的食物来源之一，想必是有可能的。直至今天，云南基诺族人依旧保留了古老的茶食习俗，他们的凉拌茶至今依然作为一道菜肴，可以说是先民食用茶叶的茶文化历史活化石。

如此说来，《诗经》时代的人们，以茶入食，亦是有可能的。

到了春秋时期，我们从一则古代的史料中推测，茶已作为一种象征美德的食物被食用。《晏子春秋》记载："婴相齐景公时，食脱粟之饭，炙三弋，五卵，茗菜而已。"这是说晏婴任国相时，厉行节俭，吃的是糙米饭，除了三五样荤菜以外，只有"茗菜"而已。茗菜，在此处可以被解释为以茶为原料制作的菜。

晏婴是春秋时期著名的思想家、政治家和外交家。《晏子春秋》中关于晏婴茶事的史录，是中国史籍中关于茶的最早食用记载，也是最早将茶与廉俭精神相结合的记载。

但有学者考证，发现文献中的那个"茗菜"，实际上是苔菜，不是茶。那么说了半天，春秋时期的人究竟有没有吃茶喝茶，还是没有确定的。

不过，根据历代学者们的研究，有人还是得出中国人饮茶最初兴起于战国时期的巴蜀的结论。有学者认为，我们今天的饮茶习俗，是通过大规模的战争，由秦人从巴蜀地区传向长江流域的，此事发生在中国的战国时期。这是茶最初传播时最重要的一条途径，也是一条发人深省而又意味深长的途径：和平的饮料，竟然是通过残酷的战争传播的。在冷兵器刀剑相向的间隙，士兵们于一弯冷月下，在营地里点起篝火，身后是白骨，身上有血污，有什么能够慰藉他们的身心？茶！作为热饮食品，并能起到保健药理作用的口感适宜的茶，无疑是此时最合适的心灵鸡汤了。因此，原本使人平和的饮茶习俗通过战争流传，亦是合乎生活之逻辑的。

文人们在时代风气的形成与演进中，总是起着记录者和参与者的作用。借文人之手记载，我们可知两汉间的茶事越来越趋于丰富，茶叶正是在这个时代成为商品的。西汉学者、辞赋家扬雄在其著作《方言》中记载说："蜀西南人谓茶曰葰。"而传说中由周公旦主撰的《尔雅·释草》专门对茶进行了解释——茶，苦荼也。中国首部字典中也收入了"荼"字，说明了茶在当时生活中的重要性。

而茶的药用功能被权威地记录，则是在西汉辞赋家司马相如的《凡将篇》中。其中记录有二十几种药物，包括"乌啄，桔梗，芫华，款冬，贝母，木蘖，蒌，苓草，芍药，桂，漏芦，蜚廉，萑菌，荈诧，白敛，白芷，菖蒲，芒硝，莞椒，茱萸"，其中的"荈诧"就是茶。凭这两个字，唐代的"茶圣"陆羽将司马相如和他的《凡将篇》一起选入《茶经》，就此亦可证明，茶在汉时的药理作用，意义有多么重要。

历史上有关茶叶的第一部文献，就在这样的背景下应运而生了。写这一文献的人名叫王褒，字子渊，他是《僮约》的作者，而《僮约》在茶史中的地位可以说是非常重大的。从文体上看，《僮约》是一份奴隶主与奴

王褒《僮约》

隶之间的契约，实际则是一篇以契约为体例的游戏文学作品。从茶学史上看，这是一篇极其珍贵的历史资料，此文撰于公元前 59 年，汉宣帝三年正月十五日，有关茶事的内容摘要如下：

> 舍中有客，提壶行酤，汲水作铺。涤杯整案，园中拔蒜，斫苏切脯。筑肉臛芋，脍鱼炰鳖，烹茶尽具，铺已盖藏……绵亭买席，往来都洛，当为妇女求脂泽，贩于小市。归都担枲，转出旁蹉。牵犬贩鹅，武阳买茶……

其中有"烹茶尽具"、"武阳买茶"的记载。专家考证，这个"茶"即今天人们能饮之的"茶"。王褒"无心插柳柳成荫"，不经意间，历史让他成为一名不可或缺的茶之见证者，更成为中外历史上第一位茶文献的撰著者。

《僮约》相当有名，在文学史、民俗史、地方史，尤其是茶文化史中，此文都是进入典藏的。从文学史上看，《僮约》无疑是汉代俗文学的典型代表。胡适曾说，这篇文献"可以表示当时的白话散文。这虽是有韵之文，却很可使我们知道当日民间说的话是什么样子"。郑振铎指出："王褒在无意中流传下来一篇很有风趣的俗文学作品——《僮约》，这篇东西恐怕是汉代留下的唯一的白话的游戏文章了。"后人评价《僮约》，也有称其为类型文学中游戏文学的开山鼻祖，说它那亦庄亦谐的风格，成就了中国最早的游戏文字。

然而，也有人是很不喜欢《僮约》的。比如中国南北朝时期大名鼎鼎的颜之推在他的《颜氏家训·文章》里言及古往今来"文人多陷轻薄"时，就曾批评王褒"过章《僮约》"，说的是《僮约》里的那位王子渊是破了做人的章法规矩了。那王褒破的是什么规矩呢？原来古人在《邹子》一文中曾说："寡门不入宿。"在《太公家教》中则说："疾风暴雨，不入寡妇之门。"而这个王褒恰恰上来就说他入了寡妇之门，开篇便自报家门说："蜀郡王子渊，以事到湔，止寡妇杨惠舍。惠有夫时一奴名便了，子渊倩奴行酤酒……"这段话翻译起来，是说神爵三年（公元前59年），王褒到湔，也就是渝上，在今天四川彭州市一带时，住在了一个名叫杨惠的寡妇家中。王褒怎么会住到人家寡妇家里去的呢？有人说是因为王褒跟寡妇死去的男人从前是朋友。但寡妇门前从来就是是非多的呀，杨惠家有个长着大胡子的奴仆，名叫便了。王褒在寡妇家住着，有吃有喝，美滋滋儿的，还让那个便了去打酒给他品饮，这就惹出事儿来了。这个大胡子奴仆，拎了个大杖就上了山，到那死去主人的坟前好一顿哭诉。这下子将王褒和寡妇惹怒了，杨惠便将便了卖给了王褒，王褒则写下了《僮约》，规定奴仆应该干的种种活儿，把那便了吓得一把鼻涕一把眼泪，再也不敢忤逆主人了。

写《僮约》的那个住在寡妇家里喝酒生事、吓唬奴仆的王褒，被今天大多数人认为是风流文人，有才情，但不免轻薄，许多人甚至以为是茶拉了他一把。没有《僮约》中提到的茶事，单靠他那几篇赋文，是不可能在中国历史上留下痕迹的，没人会记挂他。

然而，这确实是一个相当错误的评价，历史上的王褒，在他那个时代，是个大名鼎鼎的文坛领袖级人物。在巴蜀文学史上，王褒也算得上是继司马相如之后的又一位大家。因此对王褒这个茶史界重量级人物的全面了解，是很有必要的。

王褒活动于西汉末年，是今天的四川资阳市昆仑乡墨池坝人，什么时候出生不详，去世的年代也众说不一，但大多数将其卒年定于公元前51年。他的故乡今天还有他的墓地，可见故乡人民是将他奉为大贤级人物的。

根据历史的记载，王褒家是摊上一个"穷"字儿的。僻处西蜀，生于穷巷之下，长于蓬茨之中。当农民，却喜欢学习，所以耕读为本。估计从小就没了父亲，故而少孤，却越发地孝顺母亲。因为勤学，他成为了一个精通六艺、娴熟《楚辞》的文人。中国古代文人，学得千般艺，卖于帝王家，您要老在地里耗着，还能混出了什么人样来？故而王褒一旦觉得可以出山了，便开始行走于名山大川，寻找建功立业的出头机会。就在那段时间，他游历成都、渝上等地，博览风物，以文会友。我估计他那篇《僮约》也就是在彼时写的吧。也就在他蓄势待发的岁月中，他终于等来了那个能够让他发挥才华的文学时代。

由于当时的皇帝汉宣帝喜爱辞赋，想要人才来陪着他打猎诵读，王褒便得到益州刺史王襄的推荐，被召入京。汉宣帝命他写作辞赋以为歌颂，不久，便将他提拔为谏议大夫。

王褒作为一介文人，主要是充当皇帝的文学侍从。文人总是要以文传世的，王褒存世文章今有十六篇，被宫廷最为认可的是赋文《圣主得贤臣颂》，这虽是一篇命题作文，但写得文采斐然。而被文学界评价最高的则为《洞箫赋》。《洞箫赋》全篇都用了楚辞的调子，以大量的文字铺叙洞箫的声音、形状、音质和功能，音调和谐，描写细致，形象鲜明，风格清新，在汉赋的题材开拓、手法创新和语言锤炼等方面，都作出了自己的贡献。王褒是西汉咏物小赋的代表作家，亦不愧为一代名家。

作为茶文献和游戏文学的扛鼎之作，《僮约》是有它不可或缺的特殊地位的。有学者以为，《僮约》首创了三个历史话题的先河：一是契约话题，二是茶文献话题，三是俗文学话题。

六百多字的《僮约》，写得洋洋洒洒，一气呵成，风物事象，如飞星流矢扑面而来。认真读完此作，我还是决定将此作当成一篇纯粹的文学作品来看，只不过它是用了契约的文体罢了。这就如我们今天创作文学作品，也会用日记体，或者书信体一样。或许王褒确实有过类似于入住寡妇家与奴仆相争之事，但显然那不过是素材，成文后的《僮约》是完全源于生活、高于生活了。

也恰恰就是在王褒不经意的游戏笔墨中，为中国茶史的发展考证留下了极为重要且又详细的一笔。《僮约》中有两处提到茶，即"脍鱼炰鳖，烹茶尽具，铺已盖藏"和"武阳买茶，杨氏池中担荷"。"烹茶尽具"是讲煎茶时要同时准备好洁净的茶具，用以品饮；"武阳买茶"就是说要赶到成都南面的一个茶叶集散地武阳（今成都以南彭山县双江镇）去买回茶叶。这段记载，说明在西汉时期，中国四川地区已经有了茶叶市场，而茶叶也已经成为商品，还说明了茶饮的制作方式是烹。而"烹茶尽具"，也可以理解为最初的茶艺萌芽在此诞生。

我们之所以相信王褒的这段关于茶的记载，是因为王褒作为一位对生活有详细观察力、对各类风物和风俗形态有详细记录的作家，是将茶事镶嵌在西汉末年的整块生活之中，而非单一孤立地记载茶事的。一个也许是虚构的故事，尤其需要细节的真实，这可是写作者的不二技法。古往今来，文人来去，可这样的手段却是一成不变的啊。

《僮约》的价值，可以总结为以下几条：

首先，它是茶学史上最早提及茗饮风尚的文献。文中的"烹茶"即为煮茶，说明了茶的煮制方式已开始形成，它和后来三国时的"茗茶"形态似乎并不相同。"茗茶"即茶粥，三国时期源于荆巴之间，将茶末置于容器中，以汤浇覆，再用葱姜杂和为茗羹。或可说是后来唐代陆羽煎茶的滥觞。我们从文中还可知晓，茶已成为当时社会待人接物的重要物品，进入了精神生活的领域，由此可估量茶在当时社会上的重要地位。

其次，它是茶学史上最早提及茶市场的文献。"武阳买茶"就是说要赶到邻县的武阳去买回茶叶。王褒住在四川资中，离他要仆人买茶的四川武阳往返百余里。如此不辞劳苦操舟贸易，非得到指定的地点，说明这个卖茶点，不是茶叶买卖的集散地，就是茶的原产地。当他说到"武阳买茶"时，我们便想到《华阳国志·蜀志》中有"南安、武阳皆出名茶"的记载，则可知王褒为什么要便了去武阳买茶。后来的茶史研究者由这一记载方知晓当时的武阳地区就是茶叶主产区和著名的茶叶市场，并由此确立了巴蜀一带在中国早期茶业史上的地位。我们根据《僮约》分析，得出西汉饮茶习俗已经开始在社会上形成。拥有奴仆的寡妇杨惠属于中产阶层，让奴仆去从事茶事，则说明饮茶至少已开始在当时的中产阶层流行。

最后，从文中推测，汉朝很有可能已经有了专门的饮茶器具。"烹茶尽具"，可解释为烹茶的器具必需完备，也有解释为烹茶的器具必须洗涤干净。无论何种诠释，都可推测，至少从西汉开始，饮茶已经开始有了固定的器具了。客来敬茶的习俗，亦已经从此时开始出现了。

王褒最后是怎样结束自己的生命历程的呢，说来真是悲哀。那个汉宣帝和他的曾祖父汉武帝一样，一方面爱文学，一方面好游猎，一方面又信神仙。王褒在京中任职了一段时期后，汉宣帝听信方士之言，要他回益州去祭祀传闻之中的"金马碧鸡之宝"。"金马碧鸡"在云南，汉武帝就发兴找过它们，没找着。到曾孙汉宣帝那里，又惦记这事儿，便让王褒前往云南。不料王褒在途中染病，又未得到医治，竟然就这样死于旅途之中了。

在历代文学评论中，王褒往往以一位更为纯粹的作家形象存在。但文学的意义之一，就在于在历史长河的历朝历代中，都会传来相应的呼应。比如明代杨慎便专门作了《王子渊祠》诗，诗云："伟晔灵芝发秀翘，子渊橘藻谈天朝。汉皇不赏贤臣颂，只教宫人咏洞箫。"这诗的后两句不由让我们想起贾谊那"可怜夜半虚前席，不问苍神问鬼神"的千古遗憾。杨慎认为西汉末年的王褒和西汉初年的贾谊命运是一样的，王褒和贾谊一样本也是有经世才华的大人才，但天子也就让他做了个宫廷教席，教人咏咏洞箫而已。

幸而有了《僮约》，王褒被世代的茶人们记住了。

金罍曹

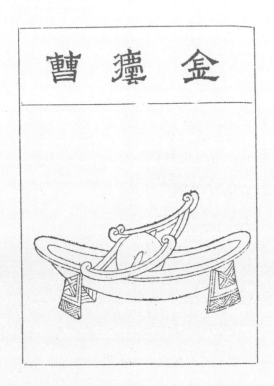

肆

：：茶事的世说新语

——轻身换骨的仙浆琼露

茶禅一味（胡展／摄）

　　两汉末年的茶，犹如一叶轻舟，从中国长江中游起航，飞快地向下游驶去，浩瀚的大海，很快就要出现在眼前。从三国到南北朝终，这一历史单元成为中华民族再次大融合的时期，茶也便水涨船高，借此机遇从巴蜀地区进发长江中下游流域，终于在中国东南方占据新的制高点，逐渐与上游的巴蜀呈抗衡之势。

　　饮茶习俗在南方的时尚化传播，也流传到了北朝高门豪族，又由士大夫阶层携引，于庙堂之间登堂入室，从精神层面上与人心相濡以沫，开始全面向中国人的精神领域渗透。中国茶文化开始从儒、释、道的精神土壤里破土而出，呈现出了三位一体的茶文化初相。

　　茶的食用与饮用在这个时代同时并行，而食用多以羹饮的方式。三国时有个名叫张揖的人著有《广雅》，说："荆巴间采叶作饼，叶老者，饼成以米膏出之。欲煮茗饮，先炙令赤色，捣末置瓷器中，以汤浇覆之，用葱、姜、橘子芼之。"我们把这种喝法叫做芼茶。实际上这就是茶粥，源于荆、巴之间，制作方法是将茶末置于容器中，以热汤浇覆，再用葱姜杂和为茗羹。

说到羹饮，还有一则故事可以佐证。西晋的时候，有个名叫傅咸的政府官员说："闻南市有蜀妪作茶粥卖，为廉事打破其器具。后又卖饼于市，而禁茶粥以蜀姥，何哉！"翻译成白话文："我听说南市有个四川老妇作茶粥出卖，被廉事打破了她的器具，后来她又在集市上卖茶饼，为什么要为难四川老妇，禁止她卖茶粥呢！"我们从中可知，茶粥这种食品在当时还是颇受人们欢迎的，否则何以成为商品进入市场呢？

这是一个精神激烈动荡的时代，也是中国历史上少有的思想勇猛精进的时代，人们以各种不同的途径狂热地追求生命的真谛。饮茶习俗渗入了更丰富的精神内涵。

说到宗教与茶的关系，佛教与茶，是反复要被人们提起的。

西汉末年，佛教传入中国以后，茶很快就与佛教结下了不解的缘分。佛教的重要活动是僧人坐禅修行，需要有既符合佛教规戒又能消除坐禅带

寺庙里常有安静的茶室（铸剑／摄）

来的疲劳和补充营养的饮品。而茶能清心、陶情、去杂、生精，具有"三德"：一是坐禅通夜不眠；二是饱腹时能帮助消化，清神气；三是"不发"，即能抑制性欲。久而久之，便形成了"茶禅一味"的佛教文化事像，茶从此成为兼具精神饮品的复合型饮料。

据说东汉时，中国便出现了一些居士，离开家住在外面，饮茶修行，此为茶馆的先声。东晋时有个名叫单道开的人，居敦煌，不畏寒暑，常服小石子，所服药有松、桂、蜜之气，所饮茶苏而已。所谓"茶苏"，有人说就是一种用茶叶与果汁、香料配合制成的饮料。

同时代还有个高僧，名叫怀信，《释门自镜录》记载他说："跣足清谈，袒胸谐谑，居不愁寒暑，食不择甘旨，使唤童仆，要水要茶。"这个和尚做得很是潇洒，而且他要水要茶时可以使唤童仆，可见那时佛门也已经有了专门的事茶僧童。释道悦的《续名僧传》曾记录说：“宋释法瑶，姓杨氏，河东人……年垂悬车，饭所饮茶……年七十九。”这里的悬车就是指七十高寿的意思。这个年龄的老和尚，每顿饭都要喝茶。从这些史料可知，当此时期，茶禅一味的风气，亦已养成。

茶禅一味，人们往往上推至禅宗始祖菩提达摩，这位南北朝时期的外国传教士，乃南天竺婆罗门人，据说曾在嵩山少林寺面壁九年。世传其口嚼茶叶以驱困意，盖由于坐禅中闭目静思，极易睡着，所以坐禅中唯许饮茶。也有传说，以为他打坐时每每欲昏昏睡去，一怒之下，割下眼皮掷之于地，竟然生出两株茶树，达摩口嚼茶叶，终于茶禅一味，修道入禅成功。

“诸恶莫作，众善奉行，自净其意，是诸佛教”。佛教的这一精神是和茶的精神相当一致的，茶作为一种极为亲和也极为向善的饮料，与这样一种信仰互为渗透，构成了茶禅一味的初相，应当说是相当投契的完满结合了。

至于道家与茶的关系，更是水乳相融。茶的养生药用功能与道家的吐故纳新、养气延年的思想相当契合，特别为有精神与信仰的诉求者所依赖。道得以与茶结缘，以茶养生，以茶助修行，故茶被视为轻身换骨的灵丹妙药。

借托中国汉代东方朔所作的《神异记》记载了这样一个故事：“余姚人虞洪，入山采茗，遇一道士，牵三青牛，引洪至瀑布山，曰：‘予丹丘子也。闻子善具饮，常思见惠。山中有大茗，可以相给，祈子他日有瓯牺之余，乞相遗也。’因立奠祀。后常令家人入山，获大茗焉。”

这里叙述了一个长长的茶事链条，从茶的物质形态到精神品相，每个环节都被串了起来。这一头是被仙人指点的大茶树，那一头是作为报恩的以茶奠祀的祭礼活动——茶就这样深深地进入了人的精神生活。

道教中那些有关神仙鬼怪的丰富想象，此时也切入了茶的故事。在《广

崂山道人饮茶

陵耆老传》中，记载了这样一位神奇的老姥，说："晋元帝时，有老姥每旦独提一器茗，往市鬻之，市人竞买，自旦至夕，其器不减。所得钱散路旁孤贫乞人，人或异之。州法曹縶之狱中，至夜，老姥执所鬻茗器，从狱牖中飞出。"此处说的是有一个老奶奶，每天独自提着一桶茶水到集市上去卖，集市上的人抢着买茶水，从早到晚，怎么卖那茶也不浅，挣来的钱她全施舍给穷人，大家都觉得此事奇怪。结果一天，老奶奶被法曹抓到监狱中去了。当天夜里，老人家拎着茶桶，从窗口就飞了出去，谁也抓不着她了。这个神奇的故事，展示了鬻茶人的法力，茶被赋予了最仁慈善良的功效。

中国古代首部志怪小说集《搜神记》记载了另一个故事："夏侯恺因疾死，宗人子苟奴，察见鬼神，见恺来收马，并病其妻，著平上帻，单衣入，坐生时西壁大床，就人觅茶饮。"说的是一个名叫夏侯恺的人生病死了，结果被人发现戴着帽子，穿着单衣，坐在床上，见人就要茶喝。在这则故事里，人间之茶已经穿越凡世，进入阴间鬼世界。无独有偶，浙江磐安玉山古茶场是以两晋道人许逊为茶神的，这里流传着这样的民间传说：每到市茶时节，夜半鬼亦来买茶，手里拿着冥钞，卖茶人为了辨别人鬼，只得不停地敲锣，当遇到鬼来买茶时，锣便哑然无声，鬼见之便遁走。这些有趣的怪力乱神之说，多少也从一个侧面印证了那个时代道与茶之间的关系。

那个跌宕起伏的时代，茶事也随之呈现出各种不同景象，它们自上而下，构成那个时代的茶文化初相。有关上流社会的茶事，我们可从皇家说起。

有个故事记载在史书《吴志·韦曜传》中，说："孙皓每飨宴，坐席无不率以七升为限。虽不尽入口，皆浇灌取尽，曜饮酒不过二升，皓初见礼异，常为裁减，密赐茶荈以当酒。"说的是吴国大帝孙皓是个嗜酒的暴君，每次设宴坐席，座客至少饮酒七升，哪怕没有喝进肚里，也要亮杯以示喝了。如果喝不下或者不喝，都得拿人头来换。但他当时有个宠爱的大臣韦曜，是个正派的士大夫，饮酒不过二升，孙皓就悄悄地赐了茶水以代酒。

以茶代酒，说明当时江南的饮茶习俗，已经在吴国宫廷里流行了。我们从中亦可以得知，茶汤从外观上看已可以假乱真，作为液体而取代酒。而以茶代酒的意义，已经超越了茶自身的物理功能，完全进入了文化层面。

南朝《宋录·江氏家传》记载说："江统，字应元，迁愍怀太子洗马，尝上疏谏云：'今西园卖醯、面、蓝子菜、茶之属，亏败国体。'"

江统任晋代愍怀太子洗马之职时，曾经上疏规劝说："现在您在西园卖醋、面、蓝子菜和茶叶等东西，实在是败坏国家的体统。"愍怀太子在太子宫中游戏，玩尽花招，最后干脆在后花园里开起店来，其中买卖的货物中，就包括了茶。可知当时茶已进入皇亲贵胄之家，在宫中普遍饮用。

《宋录》作为一部记录南朝史实的著作，记载了一段很有意思的话，说："新安王子鸾，鸾兄豫章王子尚诣昙济道人于八公山，道人设茶茗，子尚味之，曰：'此甘露也，何言茶茗！'"子鸾、子尚这两兄弟都是皇帝的儿子，天下美味皆入口中，喝了名僧昙济道人的茶，依然赞叹说：我们喝的怎么是茶呢，是天降的甘露啊！可见茶的滋味有多好。

士大夫与文人的饮茶也颇有意思。《世说新语》中记述魏晋人物言谈轶事，其中提到一个不得志的人，用的是茶的例子，说："任瞻，字育长，少时有令名。自过江失志，既下饮，问人云：'此为茶？为茗？'觉人有怪色，乃自申明云：'向问饮为热为冷耳。'"这段话说的是任瞻少年得志，自过江以后就很不得志了，有一次别人请他喝茶，他竟然少见多怪地问：这是茶还是茗？直到发现别人脸上有了怪色，才自我解嘲说：我不过是问这茶是热还是冷的罢了。

王濛与"水厄"也是《世说新语》中一个著名的段子："王濛好饮茶，人至辄命饮之，士大夫皆患之，每欲往候，必云'今日有水厄'。"此处说的是晋人司徒长史王濛，他特别喜欢茶，不仅自己一日数次地喝茶，而且有客人来，便一定要与客同饮。当时士大夫中大多还不习惯于饮茶，因此，去王濛家时大家总有些害怕，每次临行前，就戏称"今天又要遭水难了"。

王肃茗饮也是饮茶史上的著名范例。北魏人杨衒之所著《洛阳伽蓝记》，记载南朝人王肃向北魏称降，刚来时，不习惯北方吃羊肉、酪浆的饮食，常以鲫鱼羹为饭，渴则饮茗汁，一饮便是一斗。北魏首都洛阳的人均称王肃为"漏卮"，就是永远装不满的容器。几年后，北魏高祖皇帝设宴，宴席上王肃食羊肉、酪浆甚多，高祖便问王肃："你觉得羊肉比起鲫鱼羹来如何？"王肃回答道："鱼虽不能和羊肉比美，但正是春兰秋菊各有好处。只是茗汤（因为煮得不精致）不中喝，只好给酪浆作奴仆了。"这个典故一传开，茗汁因此便有了"茗奴"这样一个贬意的别名。虽然如此，北朝还是有人羡慕王肃的风采，有个叫刘镐的官员就专门学习品茶。这段史料说明茗饮曾是南人时尚，北人起初并不接受茗饮，煮制方式也很粗陋，可以用来做升盛斗量，当属牛饮，与后来细酌慢品的饮茶大异其趣。但后来人们还是接受了品茶，茶成为了中华各民族都热爱的饮品。

仿佛是历史的余数，却构成了历史不可或缺的一面。因那个历史时期离当代遥远，茶事较为稀罕，文人茶事在这一历史时期，尤显珍贵。

大名鼎鼎的曾使洛阳纸贵的西晋大文学家左思的《娇女诗》以人入茶，

尤其是将美少女与茶相匹配，堪称"从来佳茗似佳人"的西晋版，读来颇有趣味。"吾家有娇女，皎皎颇白皙；小字为纨素，口齿自清历……其姊字惠芳，眉目粲如画……驰骛翔园林，果下皆生摘……贪华风雨中，倏忽数百适……心为茶荈剧，吹嘘对鼎锎。"活泼的姑娘们对火炉煮茶一点也不陌生，欢喜地围着茶炉吹火，诗人声情并茂地描画出了一千多年前那幅形象的茶事图。

西晋诗人孙楚的《出歌》也极有特色："茱萸出芳树颠，鲤鱼出洛水泉。白盐出河东，美豉出鲁渊。姜、桂、茶荈出巴蜀，椒、橘、木兰出高山。蓼、苏出沟渠，精、稗出中田。"这是一首介绍山川风物的诗歌，其中专门介绍了茶的原产地巴蜀，也是很珍贵的茶史料。

在这些飘散着茶香的字里行间，有一篇特殊的散文，它便是杜育的《荈赋》。杜育为西晋人，字方叔，襄城邓陵人，生年不详，卒于晋怀帝永嘉五年，美风姿，有才藻，累迁国子祭酒，洛阳将陷，为敌兵所杀，著有文集二卷。

杜育写过许多文学作品，但真正使他万古流芳的则是这一曲《荈赋》。《荈赋》是中国也是世界历史上第一篇以茶为主题、以美文歌颂茶的文学作品，我们在其中可以较为集中地领略到当时的茶文化品相。全文如下：

灵山惟岳，奇产所钟，瞻彼卷阿，实曰夕阳。

厥生荈草，弥谷被冈。

承丰壤之滋润，受甘霖之霄降。

月惟初秋，农功少休。结偶同旅，是采是求。

水则岷方之注，挹彼清流；器择陶拣，出自东隅；

酌之以匏，式取"公刘"。

惟兹初成，沫沉华浮，焕如积雪，晔若春敷。

若乃淳染真辰，色□青霜。

□□□□，白黄若虚。

调神和内，倦解慵除。

赋中所涉及的范围已包括茶叶自生长至饮用的全部过程。由"灵山惟岳"到"受甘霖之霄降"是写茶叶的生长环境、态势以及条件，自"月惟初秋"至"是采是求"描写了尽管在初秋季节，茶农也不辞辛劳地结伴采茶的情景。接着写到烹茶所用之水，"水则岷方之注"，择水则使用岷山的涌流。岷山是长江与黄河的分水岭，"岷方之注"被视为"清流"。所用茶具，无论精粗，则必须出自东方之器。"酌之以匏"，说的是饮茶用具，使用葫芦剖开做的饮具，此一样式来自"公刘"，而公刘则为古代周部落首领，是周文王的祖先、华夏农耕文化的开拓者。一切准备就绪，美妙的烹茶开始，烹出的茶汤"焕如积雪，晔若春敷"，犹如春天开放的花木繁荣，品饮它的人们自然领略到了无比的美感，沉浸在妙不可言的精神享受之中。

那漫山遍野的茶树，可不是靠野生就能够连成片的，《荈赋》第一次写到"弥谷被冈"的植茶规模，第一次写到茶叶采掇的茶农状态，第一次写到器皿与茶汤的相应关系，第一次写到"沫沉华浮"的茶汤特点。这四个"第一"，使《荈赋》在中国茶文化史上，具有了不可或缺的举足轻重的地位。其描写风物的生动形象、精致细微、缜密周到，其文字的精确优美，都堪称当世一流。

综上所述，我们看到，文学家、词赋家以茶激发文思，感悟茶性外化为诗赋言志；道学家以茶升清降浊，实践茶从养生进入仙风道骨的修炼；清谈家以玄学清谈发展成佐茶会友；佛家以茶禅定入静，明心见性。可以说，在中国饮茶史上，此一阶段的人与茶之间的精神关系，是最为深邃而玄妙的。

伍

陆纳杖侄
——关于茶的『素』精神

自汉而起的饮茶习俗，至三国、两晋、南北朝，此时玄学兴起，儒学家、道学家、清谈家相洽相融，各取所需。儒生饮茶而精行俭德，文士品茶清谈玄学，道人视茶为仙露，僧侣吃茶以静心修行。就这样，茶进入了人们的信仰领域，呈现出了更为深刻的茶文化精神内涵。

有一个关于茶的故事非常有名，是关于茶的廉洁精神的。说的是中国的两晋时期，出了一些行事做派上完全对立的豪门贵族，他们中有的人以奢侈为时尚，怎么奢侈怎么来。而此一时期贵族中还有一批儒家学说的践行者们，则承继春秋末期晏子的茶性俭精神，以茶养廉，以对抗同时期的奢靡之风。这个故事的典型例子，便要算是"陆纳杖侄"了。

说起这个陆纳，也是一个卓有声名的东晋大贵族，史书上说他是"少有清操，贞厉绝俗"，是个严肃正派的慎独之人。一路做官上去，人们对他的态度用一个词形容，叫作"雅敬重之"。因此，他就那么累迁，从黄门侍郎，直到尚书吏部郎，也算是中央主管人事部门中的重要官员。官员下派时，他就到江南做了吴兴太守。

他在吴兴做官做成什么样，我们具体不清楚，只知道他做官是不受俸禄的，光干活不要钱。他回中央部门去时，手下人问他需要几条船，他说：没有行装，一条载人的船就够了。船要开了，他一看船上还有些东西，就只选了被子和身上要穿的衣服，其余的全部还给公家。

这个杖侄的故事，就发生在他当吴兴太守的那个时期。

茶的内在特性就是它的"素"（王宁／摄）

《晋中兴书》记载说："陆纳为吴兴太守时，卫将军谢安尝诣纳，纳兄子俶怪纳无所备，不敢问之，乃私蓄十数人馔。安既至，所设唯茶果而已。俶遂陈盛馔，珍羞必具。及安去，纳杖俶四十，云：'汝既不能光益叔父，奈何秽吾素业。'"

这段记载是说，陆纳在当地方官员吴兴太守时，大名鼎鼎的江左第一风流丞相谢安要去拜访他。谢安也是个顶级大贵族，又是一人之下万人之上的丞相，他来了也没个接待方案，陆纳的侄儿陆俶就着急了，又不敢问叔叔怎么办，悄悄地就备了一桌子山珍海味。果不然，谢安一到，陆纳就上了清茶加果点，接待贵宾。侄儿这才一招手，"珍羞必具"，全了。陆纳看在眼里，不动声色。等谢安一走，立刻声色俱厉，上板子，"杖侄四十"，那架势我看和《红楼梦》中的贾政打宝玉也差不多。这四十大板，要是认真打，真能把人给打死的，而且边打陆纳还边怒斥说："你已经不能够为我添光加彩了，为什么还要来玷污我的素业。"

这个掌故里面出现了一个关键词——素，这个"素"字，和茶紧密地联系在了一起。其实，用一个字或就可以归纳茶的人文特性：茶的内在特性就是它的"素"，茶的特质，就是茶的"素"精神。

何为"素"？从汉字的解析看，素本是一个会意字，小篆字形。上部是个"垂"，下部是个"糸"。糸，就是丝的意思。上下加起来，是说织物光润则易于下垂。它的本义，就是没有染色的丝绸，也就是本白色。我们从古代许多诗文中可以看到同义的描述：如《礼记·檀弓》中的"素服哭于库门之外"；如中国古诗《孔雀东南飞》中的"十三能织素，十四学裁衣"。丝绸的功能往外延伸，就不再仅仅为衣，更被用作写字的丝绸或纸张，又延伸指用绢帛纸张写的书籍或信件，如古乐府中的《饮马长城窟行》说："客从远方来，遗我双鲤鱼。呼儿烹鲤鱼，中有尺素书。"

"素"是有颜色的，白色，雪白色。素练就是白色的熟绢，素车就是以白土涂饰的车。元代的关汉卿在《窦娥冤》中写道："要什么素车白马，断送出古陌荒阡。"

"素"这种色泽象征着少，甚或没有。比如素纸，就是没有写过字的纸；素衣将敝，比喻人处境艰难，生活困苦。比如寒素，就是身份低微的意思。《三国志·贾诩传》记载文帝使人问诩自固之术，诩曰："愿将军恢崇德度，躬素士之业，朝夕孜孜，不违子道，如此而已。"这里的"素士"就是布衣之士，也就是贫寒的读书人；素门就是与世族豪门相对的清寒之家；素面朝天就是不加妆饰而去面见天子。由此字意延伸，"素"终于被赋予了这样一种品质：带根本性的物质或构成事物的基本成分。

比如"素怀"，在这里的意思就是"本心"；又比如"元素"，即构成物质的基本成分；比如"因素"，即构成事物的本质成分；比如"要素"，即构成事物的必要因素。而渐渐地，"素"这种本色又在精神上被美化了，用来象征美好的本质，或者本性。在《文选·张华·励志诗》中，诗曰：

"如彼梓材，弗勤丹漆，虽劳朴斫，终负素质。"歌颂梓这种树材，不需要华丽的外表装饰，又经历着人间磨难，但始终保持着与生俱来的高贵品质。而在唐代刘禹锡的《陋室铭》中，有一段"谈笑有鸿儒，往来无白丁。可以调素琴，阅金经"的叙述，其"素琴"，正是不加装饰的质朴的情怀象征。宋代司马光的《训俭示康》则说："众人皆以奢靡为贵，吾心独以俭素为美。"这里，"素"直接与"美"结合在了一起。

"素"又在本质的基础上，引申出"固本、不移，坚守"的意思。比如素故、素情、素结、素旧，都是老朋友、老感情的意思。唐代韦应物的诗《慈恩伽蓝清会》说："素友俱薄世，屡招清景赏。"这个"素友"就是老友、旧友之意。又如素守，就是平素的操守；素抱就是平素的志趣和抱负；素衷就是平素的心意；素怀就是平素的情怀。中国人有"抱朴怀素"之说，道家由此出了一个炼丹家抱朴子，佛家中由此出了一个书法家怀素。

"素"是一个充满节制的字眼，内俭，含蓄，止禁，大概正因为如此，素相对于荤，代表了蔬菜瓜果等副食。如《墨子·辞过篇》中便说："古之民未知为饮食时，素食而分处。"

只有当我们对"素"有了一个相对完整的认识，才能够理解"陆纳杖侄"这段茶之掌故中的茶意。这段掌故中出现了两个"素"：一为明素，即"素业"；一为暗素，即"茶果"。所谓"素业"，就是素王之功业。所谓"素王"，就是指有王者之道而无王者之位的人。汉代王充在《论衡》中说："孔子作《春秋》以示王意，然则孔子之《春秋》，素王之业也；诸子之传书，素相之事也。"王充在这里，把孔子著《春秋》的事业，当作虽没有王者之位却在行王者之道的伟业，而陆纳在此也以为自己的事业是和孔子著《春秋》一样伟大的。对谢安这样被后人称为江左风流丞相的人，只有设上茶果，才配得上他的接待风格，显示出他不是王的王者风范；也只有谢安这样的人，才能够领会得了陆纳的那份素王之心。不曾想偏偏被这个俗人侘儿搅了，陆纳怎么能够不怒发冲冠，棒打四十还是轻的呢。

我们可以从"素业"这个概念中，推理出晋代儒家学说对中国人的核心教化作用。实际上，以陆纳为代表的中华茶人，是把客来敬茶当作最为重要的中华茶礼来实践的。以茶为敬意，已成为那个时代的风尚。两晋时期有个名叫弘君举的人写过一篇《食檄》的茶餐食单，其中明确记载："寒温既毕，应下霜华之茗……"意思是说：客来寒暄之后，应该用鲜美的茶来敬客。与陆纳同时期还有一个著名的历史人物桓温，也是一个客来敬茶的实践者。《晋书》记载他说："桓温为扬州牧，性俭，每宴饮，唯下七奠柈茶果而已。"说的是扬州太守桓温性情俭朴，每次宴饮客人，只设七个盘子的茶食。桓温曾离帝位一步之遥，终究未篡。性俭之人，以茶养廉，培养克制自己的能力。在欲望翻腾冲动之时，这一步终究没有迈出去，也算是品茶人中的一个典型人物吧。

这种在人间以茶为敬的习俗，甚至也被带往了另一个世界。古代中国人把死后的世界看作一个人间生活的翻版，以为人间一切所需皆在冥间再现。所以下葬时会把模拟的谷仓、牛羊，甚至房子和场院都一并带走。茶亦成为他们不可或缺的洁物。

如果说，以茶祭祀之礼从周代已经开始，那么，茶到两晋之后的南北朝时代已经成为公认的祭品。公元493年，南齐永明十一年农历七月，南齐世祖武皇帝萧赜崩，遗诏说："我灵床上慎勿以牲为祭，但设饼果、茶饮、干饭、酒脯而已。天下贵贱，咸同此制。"这里说要以茶为祭品，与其说是皇帝的节俭，不如说是奉行佛教的皇帝认为，茶是高洁的饮料，配得上他死后享用。所以特别要嘱咐灵床上不能少了茶饮。

可以说，中华民族就是从那个时代开始，将茶纳入了生活礼仪，客来敬茶就这样被世代相传，成为悠久而又鲜活的文化遗产，源远流长，直至今日。

后轉連

陆羽像

：：陆羽是怎样找到顾渚的
——一个茶人与一座茶山的叙事

公元 733 年，朝代为唐，年号为开元，干支为癸酉，有一个婴儿降临在盛唐的末期。再过二十三年，李氏王朝就将盛极而衰，开始走下坡路了，但它的统治者显然没有那种乱世将临的思想准备——玄宗在梨园与美人敲着檀板，《霓裳羽衣舞》正在酝酿之中，而中国版图上所有的文人都在苦吟高歌，出口成章。那年，杜甫二十出头，而李白则刚过三十，他们都在虔诚并近乎痴迷地渴望得到朝廷的承认——那是个几乎没有一个诗人不想"修身齐家治国平天下"的时代，所以杜甫"会当凌绝顶，一览众山小"，李白则"仰天大笑出门去，我辈岂是蓬蒿人"。有谁想到，那个刚刚出生的后来被人唤作陆羽的婴儿有朝一日会反其道而行之，徜徉湖光山色，事茶终其一生。

陆羽的后半生虽然与江南的顾渚茶山生死相依，但出生时，他却被人遗弃在荆楚之地湖北天门龙盖寺外的湖畔。因此我们完全可以这样定论：如果说他的归宿是山的话，他的出世则与水息息相关。

顾渚山大唐紫笋茶贡茶院碑（林陌／摄）

他的出生涉及两个版本的记载，而他的名字则与水有关。虽然《新唐书·隐逸》的《陆羽传》中说他"不知所生"，身世神秘，但出身贫贱甚至赤贫，这一点还是可以肯定的。因为两条记载都认定他是一个弃儿，不过年龄上相差了三岁而已。这两条记载都提到了一个僧人，那便是陆羽的师父智积禅师。第一条说智积清晨到他所在的天门龙盖寺外的西湖边散步，听到有雁叫之声，循声暗问，竟然有数只大雁正用翅膀围护着一个婴儿，于是善心大发，把他抱回寺中收养。另一条说是陆羽长到三岁了，瘦得皮包骨头，孤苦伶仃地被人扔在龙盖寺外，智积见了不忍心，就把这孩子捡回来了。

还是陆羽自己的传记中说得好：陆子，名羽，字鸿渐，不知何许人。这个"不知何许人"，真是道尽人间辛酸，却又不亢不卑，尽显茶人尊严。

实际上，他已经暗示了那种一生下来就有数只大雁护着他的传说的不可信，但又无法找到其生身父母家族真实的来龙去脉。对所有人而言最简单的不言而喻的事情，对他，则成了邈不可及之事。罢了，"不知何许人"，五个字，便俱往矣。

弃儿无名，长大后取来《易经》占卦，卜得了一个"蹇"卦，又变为"渐"卦。卦辞这样说：鸿渐于陆，其羽可用为仪。这里的"鸿"，就是大雁的意思。而"渐"，则是慢慢的意思。《周易·渐卦正义》中说：凡物有变移，徐而不速，谓之渐。而这里的"陆"，就是水流渗而出的陆地。整句话的意思是说：鸿雁徐徐地降落在临水的岸畔旁，它那美丽的羽毛显示了它高贵的气质。瞧，这是一个多么美好的卦，一个多么美好的形象。这个卦里能用的字都被用来作为这个孩子的名字了。孩子在岸边被发现，就姓了"陆"，他要成为一个仪态万方之人，所以取名为"羽"，大雁缓缓飞来，"鸿渐"也不能放弃，就拿来作了字。

这个姓名的表面看不出这个孩子与茶和江南的关系，但我们也可以说这里是有一种暗喻的——顾渚山，正是一座被水流渗而出的陆地上的丘陵山冈。其实陆羽的童年时代和湖州顾渚山没有一点儿联系，他后来走向顾渚山，是有着其深刻而又单纯的心路历程的。

而唐时的顾渚山，早已经在那里默默等待着陆羽了。我们在这两者的关系中将看到这样一种诠释——一座山会因为一个人而诞生，虽然这座山早已存在。

顾渚山在湖州长兴，从大的地理环境上看，它属于长江流域的太湖流域，是最适合人类居住的地方。从长江上游的四川巴山开始，沿江东下，经过武汉、九江，就到了下游的太湖流域。这里的气候、降雨量和土质，都是最适合茶叶生长的。而顾渚山的具体位置，则在吴根越角的浙北——浙江、江苏和安徽的三省交界地带。这里，天目山的余脉从西南延伸过来，缓缓地渐入太湖之中，顾渚山就是这将入未入水中的天目山余脉的最尾端。而西北方向，则树起了一座由啄木岭、黄龙头、悬脚岭构成的天然屏嶂。顾渚山海拔虽然只有五百多米，但在杭嘉湖平原上，那就是拔地而起的高山了。这一组山峰向东南方向缓缓地伸展过来，一直抵达到滨湖平原。

顾渚山有一条金沙溪，溪涧两侧石壁峭立，唐代湖州刺史张文规曾说：大涧中流，乱石飞滚，茶生其间，尤为绝品。这茶与水，就构成了顾渚山的双绝。

顾渚山的茶，千万年默默生长，直到唐代。遥远的湖北竟陵，那长江上游的一座并不算名山大寺的龙盖寺里面，弃儿出身的小仆人陆羽正在为智积禅师煮茶，我们不知道他喝过的茶中，有没有来自江南顾渚山的茶。我们只知道，童年时代开始，陆羽的天性与佛院就显然已经有了剪不断理还乱的关系，这种关系以茶为载体，贯穿了他凄凉、丰富、寂寞而又辉煌的一生。

被僧人所救而抱养成人，并在寺院里长大的孩子，又成为一个僧人，这实在是太天经地义了，国清寺的拾得和尚就是其中一例。倒是如陆羽这样，小小年纪就拒不剃度出家的人世所罕见。从陆羽的《自传》中看，陆

羽的不肯出家来自他对儒家学说的信仰，他认为自己没有父母可以孝顺已经非常不幸了，如果再出家，没有后人，岂非和"不孝有三无后为大"的儒家传统更加背道而驰？因此，他是死活也不能削发的。这当然是陆羽成人之后对他当年真实想法的提高总结。然而在我们看来，陆羽由于弃儿的身份，又加他天资的聪慧、天性的敏感，使他对人世间的亲情有着强烈的向往。而在寺院里，一个求知欲过于强烈的弃儿，肯定不如一个愚钝、憨厚的孩子来得让人喜欢。智积选择陆羽做他的茶童，也说明他知道陆羽的聪明，因为煮茶是个很讲究的、极有分寸感的过程，需要心灵的高度聪慧。对陆羽，智积或许还会有更高的目标，没想到到了剃度年龄，陆羽居然不同意。智积的暴怒是可以理解的，也许是爱之深恨之切吧，这才让他去放牛。才十岁的孩子，要让他通过繁重的体力劳动，去悟出人生的空，结果却适得其反。对陆羽而言，扫寺地也好，清僧厕也好，修墙也好，养一百二十头牛也好，不但没有能够驯服他，还让他越发愤怒和反抗。这样，又招致更大的压迫，经常被打得皮开肉绽。

我不太清楚陆羽遭受毒打，究竟是智积本人还是智积手下人干的。因为连棍子和荆条都打断了，智积的形象，也就从当年的救命恩人变成催命鬼了吧。不管是不是智积亲自动手，总之应该是在他默许之下的，因此，陆羽不跑也是实在不行了。我在想，即便这时候陆羽同意做和尚，智积也已经伤了心了吧，对这样一个有慧无根的孩子，智积也只有放弃了。所以，陆羽十二岁那年，逃离了龙盖寺跑到戏班子里学戏，做伶人，智积才没有再为难他。否则，要抓他回来，也不是没有可能的。

陆羽是个合格的伶人吗？从容貌上看，陆羽非白马王子；从天分上看，他还口吃。这样一个孩子要演主要角色是不可能的，所以在戏班子里，他只能演丑角，演木偶戏。从这时候开始，他就开始诗文生涯了。

尽管陆羽在寺院放牛时，就已经进入了自学阶段，但真正与文人交往，应该是在他十三岁时李齐物到竟陵当太守那年。陆羽应该是在一次演出期间与太守相识的，当时的县令要陆羽所在的那个戏班子为太守洗尘演出，结果太守慧眼识人，一下子就看出了陆羽非等闲之辈。我们甚至可以猜测陆羽为太守煮茶时二人一问一答的情景，李齐物慧眼识得这个不同凡响的天才儿童，捡起了这粒掩埋在红尘中的明珠。李齐物是陆羽自学生涯中第一个可以称之为先生的人，并且陆羽的戏班生涯也因李齐物的出现而结束，他被太守送到了火门山的邹夫子学馆处读书。在那里，陆羽安安心心地读了五年书，同时也为邹夫子当茶童，直到崔国辅被贬为竟陵司马。

那年陆羽十八岁了，躬别邹夫子时他风华正茂，而崔国辅则已经六十四岁了，几十年宦游生涯，想必看透了人生的多面，所以，这一老一少反倒结成忘年交。我们只要略作研究，就会发现，陆羽性格虽然急躁，但真正与他犯冲的，好像只有他的救命恩人智积。而后来与他交往的士大夫、官人，都与他有着很深的友情，想来这是离不开茶的吧。

陆羽在崔国辅处待了三年，史书记载他们在一起品茶、鉴水、谈诗论文，每日都开心得很。可是在我想来，如果要说崔国辅收了一个学生，他自己是政府官员，也不是邹夫子这样的身份，显然说不上名正言顺；但也不能说崔国辅雇了一位茶侍者，因为他们之间的关系远远超过了主人和仆人的那种关系。另外，陆羽离开崔国辅的时候，崔国辅也没有利用他的官场关系为陆羽谋得一官半职，同时，也没有史书记载说陆羽要考科举。相反，崔国辅在送陆羽上路时，还送他白驴、乌牛、文槐书函等。可见他们之间的那种关系，并不等同于主仆。恰当的说法，陆羽算是他的一个比较亲密的门客吧，所以三年之后，陆羽离开他时，他还资助了陆羽不少资金。

那已经是唐天宝十三年的事情了，陆羽正式开始了他的远行，他这次是要到巴山、川陕去。那年陆羽二十一岁，显然是热爱茶的，但我不知道他有没有下了终身事茶的决心，而他的人生观和价值观，则已经在那个时候初步形成了。无论如何，童年时代十二年的寺庙生活，以后戏班子的流浪生活和再后来他接触到的那些失意高宦，对他是有着深刻影响的。而在这期间，始终没有离开他的，应该是茶吧。

如果没有"安史之乱"，陆羽未必能够成为"茶圣"，因为我们并不真正知道青年陆羽当年除了茶事之外，还有没有别的梦想，甚至有可能连陆羽自己也不能够完全清楚自己的选择。所以他除了茶事之外，也写了许许多多的诗文。公元755年的夏天他是在故乡竟陵度过的，他在离城六十里处的一个名叫东冈的小村子里定居，整理出游所得，开始酝酿写一部茶的专著。但"安史之乱"使青年陆羽成了成千上万的难民中的一个，随着滚滚难民潮，他南逃渡过长江，陆羽的信仰又进入了一个激烈碰撞的年代。

《茶经》中的大量茶事资料，正是在那个时候收集的。我们可以想象这样一个孑然一身的青年，孤苦伶仃地被扔在公元 8 世纪那个盛唐以来的历史转折点上，那个兵荒马乱的年代。他势必会对这个世界发出巨大的疑问，并且会对以往所接受过的一切教育包括童年在寺院受到的教育进行一番重新梳理。他对安详和平的佛教势必会有一番反思，因此也会对那个从小就渴望离开的地方重新有了回归的热情。正是带着这样一种人生姿态，公元 757 年，陆羽二十四岁那年，来到了太湖之滨的无锡。他离顾渚山已经很近了，在那里，他结识了一位莫逆之交皇甫冉。接着，陆羽就开始环着太湖南游，穿行在顾渚之间，那里，一位生死之交在虚席以待，他就是谢灵运的第十世孙唐代名诗僧释皎然。

皎然比陆羽大十三岁，与陆羽相遇时也尚未到四十。虽为文豪世家子弟，到他这一代，家业也已经仅剩得废田故陂。他早年儒释道都学过，"安史之乱"后，也就一心一意地进入了佛门，一边读经，一边写诗了。他一生虽也游历，但大部分时间是住在湖州杼山的妙喜寺，直到 792 年去世。

青年陆羽和皎然之间的那种关系，显然满足了他的几个层面的需要：一是品茶论道；二是谈禅说经；三是诗文唱和；四是徜徉湖山。最后我们甚至可以猜测，这里面也有着陆羽回到童年的需要。在以后的几十年中，有一位亦兄亦父、亦师亦友的皎然始终相伴身边，对一个无家可归、寄人篱下的弃儿而言，这是怎样的慰藉。陆羽到湖州之前，生活漂泊不定，这里三年，那里两年，直到遇见皎然。陆羽虽然以后也曾出游四方，但大体上没有离开过湖州顾渚山附近，我认为有皎然的妙喜寺在，是重要原因。

起初，陆羽就住在皎然的寺中，因此还结识了一大批朋友：比如写"慈母手中线，游子身上衣"的湖州德清人孟郊，比如写"西塞山前白鹭飞"的渔父诗人张志和，比如女道士李冶，皇甫冉、皇甫曾兄弟当然在朋友之册，还有刘长卿、灵澈等人。公元 760 年，陆羽结庐苕溪，开始隐居生活，这其中，皎然依然是他最亲密的朋友。陆羽常常外出事茶，皎然因访他而不得，写过一些诗章，有一篇就叫《寻陆鸿渐不遇》："扣门无犬吠，欲去问西家。报道山中去，归来每日斜。"还有一首诗这样写道："太湖东西路，吴主古山前。所思不可见，归鸿自翩翩。"

人们一般认为《茶经》初稿就是在 760 年至 765 年间在湖州完成的，《茶经》的完成使当时才三十二岁的陆羽名声大噪。可以说，直到这时候，陆羽才真正跻身高士名僧，且毫不逊色了。而他穿梭其间的顾渚山，自然也因茶的优良，从此使世人刮目相看。

就在《茶经》成书之际，陆羽曾经来到长兴与宜兴交界的啄木岭下考察茶叶。恰逢当时的毗陵（今日常州）太守、御史大夫李栖筠来到此地督造阳羡贡茶，并且为完不成任务而发愁。巧得很，这时有个山僧送上了顾渚山的茶，李栖筠知道陆羽是位茶学专家，就向陆羽请教。陆羽品尝之后，明确地告诉李太守说：此茶芳香甘辣，冠于他境，可荐于上。李太守在茶叶方面，可以说唯陆羽是从，当即决定，阳羡茶与顾渚茶一起上贡，果然获得好评。陆羽由此实践，又得出茶之真谛一种，于是便在《茶经》里加上这一条：浙西以湖州为上，常州次之，湖州生长城（今长兴）顾渚山谷。

正是在那次的茶事考察中，陆羽在翻过啄木岭后，再一次来到了顾渚山。这一次他做了长期考察的准备，干脆在顾渚山麓租种了一片茶园，亲自品第茶之真味。他跑遍了顾渚山周围的茶坡，在《茶经》中提到的地名就有乌瞻山、青岘岭、悬脚岭、啄木岭、凤亭山、伏翼阁及飞云、曲水二寺。他在顾渚山的辛苦考察颇有收获，因此才有可能在《茶经·一之源》中得出著名的"紫者上，绿者次；笋者上，芽者次；叶卷上，叶舒次"的判断，并且在公元 770 年参与贡茶的制作，亲自命名顾渚山茶为"紫笋茶"，连同金沙泉之水一起推荐给当时的圣上，茶、水并列为贡品。

　　关于顾渚山的茶事，陆羽还写过两篇《顾渚山记》，其中专门谈到顾渚山的贡茶是怎么来的。实际上，正是从大历五年也就是公元 770 年开始，每年立春，湖、常两州的刺史就亲自到顾渚山来督茶，雅称"修贡"，立春后四十五日入山，要到谷雨后方能出来。

　　修贡也是要有硬件的，由此，公元 770 年，人们在顾渚山上建了三十几间草舍，历史上第一座皇家茶厂——贡茶院诞生。在金沙泉附近又建亭五座，时役三万，工匠千余，春来可谓盛况空前，游人闻讯纷至沓来，歌舞活动也日夜展开，诗人们纷纷吟诵着这里的春天和茶，以及那些采茶的故事。顾渚山的春天，实在就像是唐代一年一度的茶文化节。在顾渚山

"修贡"的传统，在唐代一直延续了八十多年，上贡茶的传统，一直保留到明代。

又有理论，又有实践，又有《茶经》，又有紫笋茶，陆羽与顾渚山的关系，到达了最辉煌的顶峰。当年刚到顾渚山之时他有过的那种独行山间、以杖击树、号哭山野的时期，不知道有没有过去。总之，我们接下去看到的那个陆羽，在顾渚山得到了高度的礼遇。公元 772 年，大书法家颜真卿到湖州出任刺史，后有研究者认为集结在他身边的士子高僧成立了一个饮茶团体，经常出入于顾渚山间。在我看来，他们倒更像是一个作家协会，每次集会却又少不了诗茶。颜真卿对陆羽的刮目相看，是有史料证明的。他到任一年之后就开始编修一部巨著《韵海镜源》，规模大到足有三百六十卷，编书的江东名士多达五十余人，陆羽位列第三，基本上就相当于一个副主编吧。这部巨著到公元 777 年完成，献给了朝廷。

就在修书的同时，这个文人团体相会于杼山，建亭纪念。因为是癸丑岁，十月癸卯，朔二十一日癸亥，陆羽给亭取了一个意味深长的名字：三癸亭。这个亭现在重新恢复了，许多茶人都把那里当作茶文化的祖庭。

在皎然的资助下，陆羽于公元 780 年将《茶经》付梓。作为大茶人，陆羽得到了上上下下的一致认可和高度评价，由于名气太大，皇帝不可能不来过问了，于是给了他一个"太子文学"的头衔，让他当太子的老师。陆羽这时候已经有底气拒绝皇帝了，于是皇帝再给他加码，又改任为"太常寺太祝"，陆羽当然还是不去的，他已经在顾渚山深深地扎下了根。

虽然他以后还是周游四方茶乡，但因为有了湖州，有了顾渚山，他来去自主，心情大概还是闲适的吧。公元 804 年，他辞世于湖州青塘别业，终年七十二岁，生前好友把他葬在妙喜寺旁，好友皎然墓侧。

顾渚山就在不远处守护着他，就这样，他与顾渚山合二而一，也成了一座山。

抱壓質懷直心咏嚐英華

周行不怠斡摛山之利操

溥榦之重循環自常不捨

正而適他雖淡齒無然言

柒

以酒开始，缘茶告终
——《兰亭集序》真迹是如何消亡的

　　兰亭的流觞，在曲水中散漫而猖狂，不能想象那杯中盛的不是酒。然而，文士的放达，是有酒也有茶的，即便从酒开始，也可以缘茶而结。因为有酒，王羲之挥笔写下了《兰亭集序》；因为无酒，从此再无此天书。那是酒在作用于艺术啊。

　　王羲之七代之后，家传的无价之宝离开了王族的血脉智永，到了智永的徒弟辩才之手，茶事中的一桩天大的阴谋，就此开始。

　　我们以往说到茶之雅，往往要用"琴棋书画诗酒茶"这个大词组，现在我们要听到的这个千年前的茶事，其中有茶，有画，又有书。

　　提及唐代茶事，必搬出史上第一幅茶画《萧翼赚兰亭图》，这是阎立本的作品，亦是一个阴谋的经典复述。茶人眼中皆茶，难免放下阴谋不表，专心在茶，以为此画正是中国乃至世界历史上第一幅表现茶文化的开山之作。书家不然，满眼皆书，便以为此乃表现神品消亡的一个力证。画家又

《萧翼赚兰亭图》宋人摹本（选自《中国茶画》）

不然，布局、着色、人物……总之，王羲之泉下有知，当再书一篇《后兰亭集序》了。

历史上发生的许多戏剧性极强的历史事件，被后人总结，抽象成客观规律。萧翼骗取《兰亭集序》的过程，在中国人总结的"三十六计"中，被放在"抛砖引玉"这个计谋中。

故事从唐人何延之的《兰亭记》中来，其中的萧翼，仔细想想，基本上就是个雅贼。但若推家世，萧翼是不得了的皇孙，他是南北朝时期梁元帝萧绎的曾孙。南朝萧氏，除了争夺天下当皇帝，对文学艺术，也是有着超乎常人的狂热的。著名的昭明太子萧统，就出在他们这个家族。所以萧翼的赚"兰亭"，除了奉天子之命，与个人的兴趣喜好，也不能说毫无关联。

都知道李世民晚年特别喜好书法，尤其喜好王羲之的书法。这点我随着年龄增长，渐渐理解。不说一千多年前，今天的老干部，也没有几个不喜欢书法的。

李世民听说越州辩才处有《兰亭集序》真迹，便数次派人下江南，与老和尚商榷，都被这八十多岁的老僧给挡回去了，理由是兵荒马乱，宝物离散，不知所终。

按说普天之下，莫非王土，皇帝要什么，你就得给什么，辩才不给，是有着越人的骨气的，也算是得了师父智永的真传。而李世民贵为皇帝，兄弟都被他杀了两个，还在乎一个草民山僧？但他没有这样做，也是文事不宜武做吧。

但不宜武做，不是不做，文事可以文做，于是萧翼才粉墨登场，千古留名。

在此之前，萧翼在李世民眼中，未必有多少分量。好在有尚书左仆射房玄龄的推荐，说有个前朝的皇孙，现在在魏州，特别有才艺，而且多权谋，你用他，不怕宝贝不到手。天子这才召见了萧翼。我想萧翼原来窝在那个魏州，也是有着鸿鹄之志的，好不容易有一个机遇，虽不是治国平天下，也是皇帝的心头大事，做好了一样名垂青史。于是主动出主意，先是让皇帝给他几通二王的杂帖，然后再请求皇帝让他打扮成一个落魄的山东书生。这就是"抛砖引玉"中的砖。

砖，不仅仅是几通杂帖，还包括萧翼这个人。玉，也不仅仅是《兰亭集序》，还有人心——辩才这个人的恻隐之心。萧翼选一个寒暮时刻，着布衣，做潦倒而不甘自暴自弃状，做万里求生求学状，做浪迹天涯状，进了辩才的寺院。看官仔细，这个故事，发展到这里，近乎"农夫与蛇"了。

那是精心的设计。萧翼进了寺庙，观寺中壁画，迂回侧击，三转两转，到了辩才的寺院门口。您想，都点灯吃饭的时候了，一个书生在寺庙里转来转去、无家可归，出家人能不动心吗？一动凡心，全盘皆输，出家人千不该万不该地就多了一句嘴：何处檀越？

就这一句话，完了，辩才禅心再深，也斗不过萧翼的机心了。

萧翼给自己的身份定了一个位，正经职业是卖蚕种的，业余爱好书法，这样走近辩才，是最容易的啊，因为高下过于悬殊的身份，往往特别容易建立深厚的友情。比如王熙凤，到头来托孤，还不是托到刘姥姥？所以以后的故事我就不多说了。总之，骗术也说不上高明，无非是辩才觉得这卖蚕种的小贩虽有几张杂帖，到底还没有见过真货，我就让他开开眼。辩才从那房梁上请下了宝帖，此一番走光，再不能翻盘，竟然就这样被萧翼盗走了真迹。

真相大白后，辩才除了当场晕厥，别无他法。故事的结局，是房玄龄举贤有功，赏了他千段华锦；萧翼更不用说了，升官，入五品，当了员外郎，还赏了他一个银瓶、一个金瓶、两匹宝马、一处宅府、一处庄院。后人介绍他的官职，为监察御史。辩才呢，我估计开始还得关上几天，因为有欺君之罪嘛。不过宝物已经到手，天子心情舒畅，又要封天下文人口，所以没给老僧判刑，放回去，还奖了一些东西。那辩才真是内熬外煎，失了传世之宝，有负先师之托，又不能哭天抢地地后悔，还得感谢天子不杀之恩。天子的赐物，也不敢分了用了，造了一个三层的塔，自己呢，惊悸过重，岁余呜呼乃卒。

这段故事到了大画家阎立本手里，就成了创作素材。

我原来一点也不了解阎立本，以为他就是一个宫廷画家，后来才知道，阎立本和萧翼一样，都是皇亲国戚。父亲阎毗，是今天的陕西西安人，北周时的驸马。那么阎立本原本应该是皇帝的外孙了。不过北周是短命王朝，入隋后，父亲继续当大官，但似乎是个业务骨干，当朝散大夫，将作少监，绘画、工艺、建筑都很擅长。我估摸着，也许是个高级工程师、学术权威之类的角色。兄长立德亦长书画、工艺和建筑工程。到他阎立本，终于成了部长级的大官，当过工部尚书、右相和中书令。当时的朝廷有这样一句官场谚语："左相宣威沙漠，右相驰誉丹青。"听上去都是夸奖，其实自有

《萧翼赚兰亭图》（局部）（选自《中国茶画》）

褒贬。原来左相姜恪是立功塞外的，而右相不过是一个御用画师。

　　阎立本很在乎官场对他的态度。有一次皇帝春游，突然想起来要他画画，他画得满头大汗，同僚们又是喝酒又是赋诗，品头论足，他觉得自己就像一个仆从。回到家里，他郑重其事地对儿子说：我也是一个自幼读书的人，我的学问文章不在人下，就因为我画画的名声太盛，才有今天的尴尬。你们以后给我记着，都别再画画了。

　　倒确实没再听说阎立本的儿子是画画的，但阎立本做不到从此不近丹青。他的《历代帝王图》、《步辇图》都是经典名作，《萧翼赚兰亭图》更有其始料未及的历史功绩，作为世界上第一幅茶画，为中国茶文化留下了一道不可或缺的风景线。

此画的核心内容，就是萧翼装成一个书生去拜见辩才时的情景。画为素绢本，着色，未署款。

这是一个欺骗与上当的过程。画中有五个人物，老僧辩才坐在禅椅上，左手持麈尾，长眉圆颅，一脸憨厚相，唇微开启，正在说话。他的左手掌摊上，那就是一个和盘托出的形体动作，我仿佛听到他在说：年轻人，实话告诉你吧，兰亭真迹，就在我这里呢。

萧翼黄袍着身，坐在辩才对面，双手藏在袖笼中，可谓袖里乾坤，暗藏机心。

上方坐着一个僧人，一脸不悦的样子，好像已经看透了萧翼不是好人，洞穿了这将是一场骗局。

而画面的左侧，便是两位侍者在煮茶。那个满脸胡子的老仆人，左手持茶铛到风炉上，右手持茶夹，正在烹茶。一个小茶童双手捧着茶托盘，弯腰，小心翼翼地正准备分茶，以便奉茶。童子的左侧，有着一张具列，上面置一托盘茶碗、一浅红色小罐。

在唐代，茶是高贵的，陆羽以为，只有精行俭德之人，才配得上喝。所以，这是一种被注入很高道德元素的饮料。可悲的是，在这里，茶被骗了，茶诚实的精神、奉献的精神，被掠夺的欲望、狡猾的手段所欺骗。这是一个人性之恶的场面，是一个"有意、机心和骗诱"面对"无心、善良和受骗"的典型场景。

一幅书法，引发一场阴谋，成就一幅丹青，书画都是传世经典，但毕竟还是有高下之分。我不知道阎立本画这幅作品时的出发点和心态，只知道，这是一幅人间传世大作。而王羲之的《兰亭集序》，尽管我们看到的已经是摹本，但依然是惊为天人之作，是神品。阎的画作，还是有机心在其中的，你也可以说是有智慧在其中，而王羲之的书法，你只觉得天人合一、物我两忘。阎的作品，表现的是人与人，尽管当中有茶，但茶在这里，是蒙骗的对象；王的书法，表现的是人与自然，其中有酒，酒在当中酿造了人与自然最醇厚的关系。

阎立本可没有想到，他的这幅作品，却从另外一个角度为自己叠加了不可替代的意义。正是在这样一幅画作上，我们看到了唐代的煮茶、礼茶、事茶和茶人。我们还可以用图像去对照陆羽的《茶经》，了解一千多年前人们是如何饮茶的。这又恰好弥补了由于出土文物的不足而难以了解唐代茶事的现实。因此，这幅画史料意义上的价值，是我们万万不可轻视的啊。单从这个意义上说，书法与画作，亦都可以称得上是这个世界上唯一的呢。

《兰亭集序》，从酒开始，以茶而终，就这样在这个世界上消失。茶没有能力保护伟大艺术作品的留存，竟然做了这样一种美的消亡的见证，想起来亦让人不胜唏嘘啊……

胡 貟 꽈

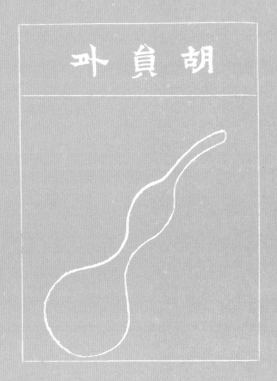

漉水囊

捌

漉水囊的来历

——水为茶之母

陆羽的《茶经》，共有三卷，分十章，七千多字，其中第四章"茶之器"提到了二十三件茶器，专门讲到了漉水囊，很有意思。我们翻译成白话文如下：

漉水囊，同常用的一样，它的骨架须用生铜来铸造，这样漉水囊被打湿后就不会滋生铜绿、附着污垢，从而使水有腥涩之味。如用熟铜，易生铜绿污垢；如用铁，易生铁锈，使水腥涩（故须选择生铜为料）。山林隐居之人，也有用竹或木来制作的。但竹木制品都不耐用，不便携带远行，所以要用生铜来做。滤水的袋子，要用青篾丝来编织，卷曲成圆筒形，再裁剪碧绿的丝绢缝制覆于其上，纽带上要缀以翠钿，还要做一个绿色的油布口袋，把漉水囊整个装起来。漉水囊的圆径，口径五寸，柄长一寸五分。

漉水囊作为佛家法器，实为"比丘六物"之一，也就是和尚用的法器，一般用来滤水去虫，但进入饮茶领域，功能就和茶水密不可分了。

都说水为茶之母，说茶，就得说到泡茶的水。

中国古代的文人们，大都是一些具有泛神论倾向的诗人，他们对自然界的一切，往往怀有一种心心相印的亲切感。对水的崇尚，恐怕是万物崇拜中至高的一种了。他们认为，水有九种美好的品行，它们是：德、义、道、勇、法、正、察、善、志。有如此品行的水，和如此美好品质的茶结合，它们之间的关系是怎样的呢？

一位叫张大复的明代茶人在他的著作《梅花草堂笔记》中说："茶性必发于水，八分之茶，遇十分之水，茶亦十分矣；八分之水，试十分之茶，茶只八分耳。"同时代的杭州茶人许次纾，在他的《茶疏》一书中亦说：精美的茶叶蕴含着幽香，是要靠水来发挥而出的，没有水就不可能讨论茶本身的优劣了。

有个故事，说的是苏东坡和蔡襄斗茶，两个宋代大文人都精通茶道，后者更具专长，写过一本著作《茶录》。两个人相交之后斗茶，茶是蔡襄的好，但他却输了，为什么？因为蔡襄的水是无锡惠山泉水，而苏东坡的水，则是用竹管从天台山接下来的。

历史上苏东坡和王安石在政治上是一对冤家，在生活中却传说他们是一对朋友，有一件日常交往的故事就是关于水的。说的是王安石是个识水的大行家，有一次，宋神宗赐了他阳羡茶用来治病，太医说必须要用长江瞿塘中峡的水来配，才有最好的疗效。王安石就托四川人苏东坡去办这事情。谁知道苏东坡在船上睡了一觉，错过了瞿塘，只好到下峡取了水来代替。王安石一喝就觉得不对，苏东坡问他怎么区分得出来，王安石告诉他，上峡的水太急，下峡的水太缓，中峡的水正中，煮茶最好。我想这应该是一个不折不扣的传说了，无非是想说明水中的儒性，儒家是讲中庸的，连

喝水也不例外。

实际上，直到今天，中国人对喝茶的水，还分外讲究。像西湖龙井茶，配上西湖虎跑水，叫"龙虎饮"，又称"西湖双璧"。你若有兴趣，每天早上，可到虎跑泉去看一看，人们排着队，大罐小瓶，纷纷装水呢。这些水提回家去，大多是专门用来泡茶喝的。

再说一说北方喝茶用水的习惯，典型的要算北京。北方总体上说是缺水的，因此，从前一般的北京人喝茶，对水没有杭州人那么讲究。但北京土井里打出来的水苦，不宜泡茶，有条件的就喝甜井水，条件差的，喝介于苦甜之间的水，叫"二性子"水。因此便产生了一个卖水行业，聚处叫"井窝子"。那时北京有一句俗语，叫"南城茶叶北城水"。北城就是今天的安定门外，就是那个地方有龙脉，取得井名，也就是"上龙"、"下龙"。

给皇帝喝的水叫"御水"，用的是玉泉山水。有茶癖的人，为了得到"御水"，就和水车夫说好了，给钱，偶然能盗一些，但要保密，须到指定地点接头，搞得和地下工作者一样。这当然都是过去的事情了，现在，水龙头一拧，家家平等。

喝茶，究竟要什么样的水呢？历代中国茶人著书立说不少，其中关于陆羽判水，有过许多神话般的记录和传说。唐代的张又新是个状元才子，写过一篇叫《煎茶水记》的文章，专门记录了一则故事：唐代宗广德年间，御史大夫李季卿巡视江南，到扬子江边，知此处南零水煮茶最好，便召请陆羽前去展示茶艺。但军士取来水后，陆羽却尝出了此水为江边之水，非江心南零之水。原来是军士打水归来溢出半桶，便以江边水以次充好。

《煎茶水记》把天下的水分为二十等级，还说是陆羽流传下来的。其中庐山康王谷水帘水第一，雪水第二十。古人是很喜欢雪水的，所以有古诗说："瓦铫煮春雪，淡香生古瓷。晴窗分乳后，寒夜客来时。"有一则关于雪水烹茶的故事，说的是宋时一个大官叫陶谷，他得到了一位将军党进的家姬，便命她捧来雪水烹茶，又问她："党家有这样的风味吗？"家姬说："他是个粗人，只知道在金绡帐下，浅斟低唱，烹羊饮酒罢了，哪里见识过这样的雅趣啊。"

古人用雪，取其冽，但是又说不可太冽，太冷冽要伤中和之气，所以最好用隔年的雪水。中国的古典名著《红楼梦》第四十一回"贾宝玉品茶拢翠庵，刘姥姥醉卧怡红院"，说的是出家人妙玉在她的庵院里，用雪水沏茶请客，雪是从梅花上掸下来的，埋在地下藏了五年，见了最珍贵的客人，才取出来喝。所以妙玉说，一杯是品，二杯是饮，三杯是驴饮了。这固然有品饮艺术在其中，但这么珍贵的雪水，只搜集了一小瓮，大口喝光，能不心痛么。

那么，究竟怎么样才能够辨别出水的好坏呢？在《茶经》中，陆羽做出的山水为上、江水为中、井水为下的结论，正是建立在陆羽走遍大江南北品水评茶的基础之上的。山水中，他又分为泉水、光涌翻腾之水和流于山谷停滞不泄的水。饮山水，要拣石隙间流出的泉水。山谷中停滞不泄的死水蓄毒其中，取饮前要疏导滞水，使新泉涓涓流入，方可饮用。取江水要取去人远者，因为离人远的江水比较洁净。想必即使在唐朝，水污染的问题也已经开始存在，故离人远者的水被污染的可能性小。至于井水，则要选择经常在汲取的井水，因汲者多则水活。这些都是经验之谈，未经身体力行，是绝不能够谈得那么到位的。8 世纪时没有科学仪器来测定水中成分和茶的关系，但是陆羽的经验之谈和今天的分析结果基本是一致的。天然水中有硬水、软水之分。硬水含钙、镁离子多，泡茶会使茶汤发暗，滋味发涩。软水泡茶，茶汤明亮，香味鲜爽。山泉往往是软水。

说到感官评判水，大约有以下几个标准：

首先要清，所以古人将水取来后放在瓮中，里面要放一些石子，说是可以养水味，澄杂质，还可以观赏。明代不知谁发明了一种方法，在存水器中放一块从灶膛中取出的常年经烧后的坚硬灶土，还给它取了个很神气的名字叫"伏龙肝"，说是可以防止水中生虫，它还是一份止血和胃的中药哩。

其次要活，活水活火，讲的都是活物。活水，有源有流，但瀑布有源有流，陆羽却说喝了要得大脖子病。还有人说，瀑布气盛而脉涌，无中和淳厚之气，和茶的精神不相和，所以不妨用来酿酒。

第三是要轻，分量轻的水，往往是软水，反之则硬。清代乾隆皇帝是个酷爱游山玩水的人，又有茶癖，他活了八十多岁，想退位了，有个大臣阿谀说："国不可一日无君。"他说："君不可一日无茶！"他每次出巡都要带一个银质小方斗，精量各地泉水。结果，量出北京玉泉山的泉水最轻，便命名为"天下第一泉"，还亲自撰写了一篇文章《玉泉山天下第一泉记》。他出巡除了带一大批侍从，还得带上玉泉水。外出时间长了，水会陈旧，乾隆皇帝发明了用水洗水法，因为玉泉水轻，别处的水重，注入就沉了下去，那轻的浮在上面的，还是玉泉水。

第四是要甘，好的山泉，喝上去滋味甘甜，要是水不甜，会损茶味。古人认为中国南部五六月份的雨水最甘甜。"梅雨如膏，万物赖以滋养，其味独甘"。梅雨之后的季节，再下雨，水就不堪入口了。这个说法是很浪漫的，却未必科学。但雨水雪水，古人称为"天泉"，是纯粹的软水，泡茶是很好的。

第五是要冽，就是冷，所以古人是很推崇冰雪煮茶的。有个典故，叫"敲冰煮茶"，很有名。说的是唐代高士王休，隐居在太白山中，一到冬天，溪水结冰，他就把冰敲开取来煮茶，招待朋友，一时传为佳话。敲冰煮茗，实际上也象征一种高洁的品行。

说到水的洁净，这就需要漉水囊了。

漉水囊本来应该算是佛家的护生用具。佛观一钵水，八万四千虫，水族是佛家重点保护对象。在生绢布上挂浆上糊，使绢布增强密度，以充分过滤出水中微小的生物。使用之后，必须把它重放水中，轻轻摆动，以使沾在绢布上的小虫，重新回归水中。漉水囊用完，要按佛门的要求挂起来，因此漉水囊的柄上会有一条系带，称为纽，就是用来悬挂的。唐代诗人唐求的《赠行如上人》一诗便提到了此事：

> 不知名利苦，念佛老岷峨。衲补云千片，香烧印一窠。
> 恋山人事少，怜客道心多。日日斋钟后，高悬滤水罗。

诗里说老和尚每天斋钟过后，不再进食，便把滤水罗挂起来。一则容易晾干，二则不易污染，都是为了卫生。

漉水囊究竟是什么时候进入茶器的呢？一般以为自唐代陆羽开始。陆羽被人丢弃在竟陵龙盖寺外的西湖旁，是被寺内主持智积禅师收养成人的。他自小就为禅师煎茶，少不了对茶器的了解。寺外便是湖水，到湖中取水想必是顺理成章之事。湖水难免是有杂质的，这是其一；湖水中自然会有细小的水生物，这是其二。无论就煎茶之水的质量，还是对水中生物的慈悲爱惜之心而言，都需要漉水囊的重要作用。这一比丘六物中原本排在最后的漉水囊，此时便成了重要的茶器。

在煎茶漉水的功能上，佛门为茶提供的漉水囊，应当说是对茶文化的一大贡献。而"茶圣"陆羽在传承与转化漉水囊的功能上，又起到了至关重要的作用。陆羽自"安史之乱"流落江南之后，结忘年交释皎然，并在妙喜寺长住。皎然是一位对漉水囊十分有研究的诗僧，陆羽定二十四茶器，将漉水囊作为其中不可或缺的一部分，从远处说，是继承了师父智积的茶禅一味；往近处说，不可能不深受皎然的影响。

在继承时，陆羽又有自身的发展，比如漉水囊外加的绿油囊外套功能，应当是陆羽的发明。绿油囊在唐代便是随身携带的常用物品，用厚绢浸桐油而成，绿油囊除了装水，还能装酒，到了陆羽手中，绿油囊就成了专门贮放漉水囊的外套了。这说明陆羽是一位实践家，他在行走时知道无处可挂漉水囊，要携带方便，又要保证清洁，最好的办法就是加一个外套。

而即便是一只小小的漉水囊，在陆羽的要求中，也是必须充满美感的，"织青竹以卷之"之青，"裁碧缣以缝之"之碧，"纽翠钿以缀之"之翠（纽带的两端系上小玉件装饰），"作绿油囊以贮之"之绿——青，碧，翠，绿，这是一个色泽审美的递进过程，与茶禅之意可谓环环相扣，珠联璧合。

从物理层面上说，陆羽可以说是提升了漉水囊原有的功能。而从精神功能上说，从小小的一只漉水囊中，可以领略到茶与水的关系，茶与大千世界万物的关系。精行俭德的茶人精神，就此渗透在漉水囊中，构成中华茶文化历史长河中的一脉清流。

从漉水囊的话题，再回到今天的水资源上吧。从前环境污染程度小，中国有的是好水，配得上给茶做个好"母亲"，走到哪里，都有好茶、好水，正是名山名水出名茶。现代化进程带来了水的问题，现在好的天然水比古代少多了，生态环境中的水生态问题，已经成为人类生存的重中之重。这事情实在令人揪心。即使现在有了净水器、各种矿泉水，饮水问题似乎已得到了解决了，其实不然。盛在罐子里的矿泉水再好，哪有从前林泉溪间的鲜活之水好啊，这简直就是活鱼现吃和罐头鱼打开了吃一样，绝不是一个档次的啊。

小小的漉水囊，承载的是大问题，它提醒我们，没有泡茶的水，干茶又能如何被品饮呢？

周旋中規而不踰其開闔動靜有
常而性苦其卓犖結之患悉能
破之離中無亦有而外能研究
其精微不足以望圓機之士

宋徽宗画像

玖

皇帝和他们的茶

——从宋徽宗的『大观茶论』说起

如果说唐朝为我们奉献出了千古"茶圣"陆羽，那么宋代便为我们抬出了风流茶皇帝赵佶。话说公元1107年，恰为北宋大观元年，距北宋王朝灭亡已不过二十载光阴，徽宗赵佶这位中国历史上最杰出的皇帝艺术家兼最昏庸的亡国之君，在京城汴梁的某一天，品尝了来自瓯闽的龙凤团饼之贡茶，逸兴大发，提笔而起，以他那独门创立的瘦金字体，书写下了"大观茶论"四个字，中国历史上作者级别最高的茶论撰著就此诞生。

《大观茶论》是宋代皇帝赵佶关于茶的专论，成书于大观元年（1107年）。全书共二十篇，对北宋时期蒸青团茶的产地、采制、烹试、品质、斗茶风尚等均有详细记述，为我们认识宋代茶道留下了珍贵的文献资料。

《大观茶论》说："茶之为物，擅瓯闽之秀气，钟山川之灵禀，祛襟涤滞，致清导和，则非庸人孺子可得而知矣……"

译为白话文便是：茶叶这尊风物，散发着瓯闽的秀气，饱含山川的灵禀，祛除了人体内滞留的不洁之物，又能够使人清醒调和，（这些长处）

表现宋代斗茶的画作（锈剑／摄）

实在不是凡夫俗子可以知道的呀……

九百年前文中的瓯闽，正是今天的八闽福建。这里要说一说贡茶在唐宋之间的变化。名茶往往以是否为贡茶来确定它的历史地位的。宋以前的中国江南，气候较暖，茶生长在五摄氏度以上的气温之中，最为惬意，所以今天浙江的长兴和江苏的宜兴就成了贡茶的所在地，陆羽也在那顾渚山下方才写出了《茶经》。孰料唐末入宋之后，中国气候渐渐冷了下来，清明时节的江南，路上行人断魂，山坡茶芽禁发，宫廷不得不把寻找贡茶产地的目光放眼到中国更南的地方。就这样，当年的福建建安北苑成了贡茶的最佳产地。

我们还能够在保存至今的古画《文会图》中看到宋徽宗与臣子同在后花园中以北苑茶为注的斗茶之趣，此图现藏台北故宫博物院，是一幅主题为文人雅集的品茶之图。池岸边，竹树掩映，中设大案，围坐饮者九人，正在进行茶会。当中一位白衣免冠者，正是赵佶。站立树下谈话者二人，另有侍者九人，线条、设色、用笔，皆可谓极尽精妙之能事。图中桌上描绘了并排成套的碗托和茶碗数组，这些茶器在存世的北宋茶器中，均有出土文物为证。从茶瓶置在方形炭炉上烧煮，有一备茶童仆，和一人正手持长柄匙，自茶罐向盏内酌茶末等画中情景，可知，此画描述的饮茶习惯是盛行于唐末五代至元明之际的"点茶法"。

从煮茶进入点茶，是一种新的茶之品饮审美方式的出现。点茶，就是将茶末置于茶盏，并以沸水点冲、茶筅击拂而成茶汤的一种技艺。第一步是制作茶末，先将茶饼碾碎成粉末，再用茶箩筛过，使其精细至极。然后是"候汤"，要注意掌握水沸的程度。在点茶前，还要用沸水冲洗杯盏，预热饮具。正式点茶时，先将适量茶粉放入杯盏，点泡一些沸水，将茶粉调和成膏，再添加沸水，边添边用茶匙（茶筅）击拂，最终成茶汤。这是一种极其讲究的品茶生活技艺，并催生了斗茶的兴起，成为品评茶之高下的重要方式。

此情此景，不由让人想起茶皇帝在《大观茶论》中关于点茶的记录："点茶不一。而调膏继刻，以汤注之，手重筅轻，无粟文蟹眼者，调之静面点。盖击拂无力，茶不发立，水乳未浃，又复增汤，色泽不尽，英华沦散，茶无立作矣……五汤乃可少纵，筅欲轻匀而透达。如发立未尽，则击以作之；发立已过，则拂以敛之。结浚霭，结凝雪，茶色尽矣。"在赵佶的笔下，这样的点茶，简直跟魔术表演一样，需要具备高难度动作了。

佞臣蔡京的《延福宫曲宴记》，清晰地记录了一场君臣茶事，说的是宋宣和二年十二月癸巳日，宋徽宗召集亲王近臣，于延福宫取来建安的北苑团茶，亲自动手表演了注汤分茶的技艺。所谓分茶，正是在点茶过程中运用注水、茶筅击拂的技巧，使茶汤表面呈现如字、如树、如云、如花、

如鸟等图像。分茶多为文人墨客所喜爱，但也传入宫中，宋徽宗为分茶高手，一注击茶，"白乳浮盏面，如疏星朗月"，博得满堂赞誉。

宋承唐代饮茶之风，饮茶的确到了登峰造极之地步。从唐代的高僧士子名臣饮茶，沿袭至宋，又化开两翼，一翼横扫民间，一翼征服宫廷。宋徽宗赵佶不但自己日益迷恋品茗艺术，还在他的《大观茶论》序中对他治下国土的饮茶之风作了生动的叙述："缙绅之士，韦布之流，沐浴膏泽，熏陶德化，咸以雅尚相推从事茗饮。顾近岁以来，采择之精，制作之工，品第之胜，烹点之妙，莫不咸造其极。"

两宋间的痴茶君臣，绝非赵佶一人，可以称得上是前有古人，后有来者。公元 804 年，就在陆羽逝世的同一年，时任建州（今建瓯）刺史的常衮在建州打造出名震江南的"研膏茶"。到唐代末年，王潮、王审知建立闽国，保境安民，为以后宋代北苑茶的生产打下基础。以后北苑又成了南唐的一处宫苑，专门有人在此地制造贡茶献给朝廷。南唐的国主李煜天下

宋审安老人十二茶具图

无人不晓，其实赵佶就是他北宋的翻版。李煜当国主时，南唐有个大臣名叫和凝的，建立了汤社，这应该算是中国历史上第一个"茶文化研究会"吧。公元944年，吴越国打下了福州，北苑茶园自然也就归了吴越。宋徽宗的《大观茶论》有圣口为证："本朝之兴，岁修建溪之贡，龙团凤饼，名冠天下。"这里所说的建溪，正是北苑。赵佶赞不绝口的"龙团凤饼"茶即产于此地。

今天的凤凰山，依旧还有一座人称"张三公庙"的茶神庙。此庙历来香火不断，茶农常到庙里烧香礼拜，祈求茶叶丰收。历史上实有张三公其人，有名有姓，唤作张廷晖，起初乃五代建安（今建瓯）的一个种茶富户，他在凤凰山开辟了方圆三十里的茶园，过着自己的日子。王审知建闽国后，张廷晖把凤凰山茶园悉数献给闽王曦，凤凰山就此升格，成了皇家御茶园，因凤凰山地处闽都之北，故名"北苑"。张廷晖自己也弃茶从政，在闽国官任阁门使，专门负责四方朝见礼仪等事宜，算是闽国的接待部长吧。由此，地沾了皇气，人也成了官人，凤凰山茶兴地隆，后来的人们感谢张廷晖对北苑茶的贡献，宋时就立祠塑像，视为茶神纪念，历代茶农供奉不断，至今传统依旧。直到今天，当地新茶开采、茶厂开张，都还有茶农前往祭拜。

朝廷对北苑茶的重视，集中体现在不断遣派重臣到凤凰山督造贡茶上。因为品饮的方式不同，制作的方式亦不同，宋代出现了三种品类的茶，团饼茶、散茶和花茶，其中团饼茶是主旋律的茶。

团饼茶表面有龙凤纹饰，所以称作"龙团凤饼"。据记载，进贡皇室的"龙团凤饼"

宋代兔毫盏

宋代油滴盏

宋代曜变盏

有四十多种，把中国茶的制造艺术推送到了登峰造极的地步。贡茶的助推者中，前有丁渭，后有蔡襄——"武夷溪边粟粒芽，前丁后蔡相宠加"，那是都入了苏东坡的诗的。丁渭是"龙凤团饼"的创始者，彼时宋王朝建朝尚不足四十年，宋真宗咸丰元年（998 年），丁渭刚刚当了路漕监造御茶史，便开始做"龙团凤饼"，用模具将茶饼印出龙凤花纹，再饰以金箔，奉为珍品。一晃过去二十年，这种奢侈的茶饼制作法变本加厉。宋仁宗时（1023 年），大书法家蔡襄做了福建转运使，将丁渭手里八饼一斤的大饼改制成小饼，那办法有点儿像我们今天制作的天价月饼，那"小龙凤团"要二十个饼才满一斤重，小巧玲珑，极为精绝，表面还印上龙凤花草等图。茶饼除圆形外，还有椭圆形、四方形、棱形等，外包装用黄罗软缎，"藉以青茗，裹以黄罗夹复，臣封朱印，外用朱漆小匣，镀金锁，又以细竹丝织笈贮之"。如此，造一斤茶要花六百多个茶工，每块计工价值四万钱，每年不过生产百来块，其品质之高贵，包装之奢华，举世无双，价敌黄金，以至当时王公将相都有"黄金易得，龙团难求"之感叹。苏东坡则写下了"独携天上小团月，来试人间第二泉"的千古名句，将团茶饼直接比喻成了明月一轮。历代骚人墨客，赞颂北苑茶的文章诗词之多、名家之齐，实为历史所罕见。

六十年一个甲子过去，龙凤团茶不但没有返璞归真，反而更加穷奢极欲。到了神宗元丰年间，一个叫贾青的人做了福建转运使，他开始制造"密云龙"，比蔡襄的小龙凤团饼还要精巧。这样一路下去，终于北宋亡而南宋继，北苑制茶工艺的讲究，却并没有因为国破家亡而有所收敛，依然是那样地无所顾忌，那样一味地精美绝伦，诸如龙焙贡新、龙焙试新、龙团胜雪、天工寿芽、太平嘉瑞等一批贡茶纷纷亮相。在贡品的带动下，茶品愈制愈精，花样不断翻新。

想当初，每年春季开采造茶时，地方官员都要举行喊山造茶的活动，时间则选择在惊蛰之际。当此时，负责监制贡茶的官员和县丞登台喊山、礼祭茶神，祭毕，鸣金击鼓、鞭炮齐鸣、红烛高烧，台下茶农齐声高喊："茶发芽！茶发芽！"声震山谷，那场面是何等雄伟壮观。

如今我们已经听不到那喊声，看不到那场景，只能在宋代大文豪欧阳修的《尝新茶呈圣俞》的诗歌中去寻找记忆：

> 建安三千五百里，京师三月尝新茶。
>
> 年穷腊尽春欲动，蛰雷未起驱龙蛇。
>
> 夜间击鼓满山谷，千人助叫声喊呀。
>
> 万木寒凝睡不醒，唯有此树先萌发。

上行下效，互动互为，此时的华茶已彻底成为国饮，最有意思的是一句关于茶的经典格言，亦诞生于那个时代，南宋吴自牧所著的《梦粱录》中专门记载说："盖人家每日不可阙者，柴米油盐酱醋茶。"市民茶俗大兴。茶以文化象征物与生活必需品的双重身份出现，进入人们的精神世界。勾栏瓦肆的出现，更是促进茶坊如雨后春笋般出现，真正意义上的茶馆模式在这个时代兴起。

《梦粱录》，是一部描写南宋都城临安城市景观和市井风物的著作，其卷十六"茶肆"讲到杭州的茶事活动，很有意思，读起来总还有股赵佶的灵魂在茶肆中游走的感觉，因为那品茶处怎么看都有股夜总会的劲儿。

> 今之茶肆，列花架，安顿奇杉异桧等物于其上，装饰店面，敲打响盏歌卖，止用瓷盏漆托供卖，则无银盂物也。夜市于大街有车担设浮铺点茶汤，以便游观之人。大凡茶楼，多有富室子弟、诸司下直等

人会聚，习学乐器上教曲赚之类，谓之"挂牌儿"。人情茶肆，本非以点茶汤为业，但将此为由，多觅茶金耳。又有茶肆，专是五奴打聚处，亦有诸行借工卖伎人会聚行老，谓之"市头"。大街有三五家开茶肆，楼上专安着妓女，名曰"夜茶坊"，非君子驻足之地也。

这里讲的琴棋书画诗酒，这些倒还可以理解，但点歌"挂牌儿"，就是找歌女舞女，茶里已经有了十足的风流气了。至于楼上专安着"妓女"的夜茶坊，那作者自己也表明了态度：非君子驻足之地也。他是不主张正人君子去那里喝茶的。这让我们不得不想起当年宋徽宗偷偷溜出皇宫见名妓李师师的事情，那也算是个天子喝茶的私密地方吧。

当然，正经喝茶处还是占主流的，文中提到的张卖面店隔壁黄尖嘴蹴球茶坊、中瓦内的王妈妈家茶肆、大街车儿茶肆、蒋检阅茶肆，这些都是士大夫期朋约友会聚之处。还有一种沿街叫卖茶汤的营生，是我们今天见不到的。说的是巷陌街坊，有一种卖茶人，他们提着茶瓶沿门点茶，月初月中，有喜事凶事，他们点送邻里茶水，还得负责通风报信，往来传语，他们会不会就构成了八百年前的狗仔队呢，八卦新闻可能就是在点茶中耳语密报出去的吧。

有一种茶类似于强讨饭，所以被称之为"醒茶"。都是一些官方士兵，他们是国家机器中的一员，类似于警察，或者可以理解为今天的城管，他们也拎着茶水，跑到市铺中，强要人喝茶，然后强要人给钱给物，没想到八百年前就有这样不要脸的人。

再有一种人，今天是绝对没有了，他们都是和尚道士，但都是点茶高手。他们挨家挨户地点茶分茶，是要找到靠山，以其为进身之阶。他们的高超手艺，的确也得到许多文人墨客的赞许和效仿。我想，宋徽宗应该算是点茶这方面的一个业余爱好者，虽未真正下海，但也可以假乱真了吧。

密樞羅

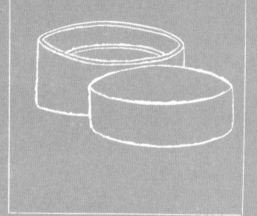

苏东坡画像

壹零

…且将新火试新茶

——从苏东坡的诗词读茶

正清明，一路奔往乡间，乡间有新茶。桃红柳绿之间，唐诗宋词元曲扑面而来，让人招架不住。我且将杜牧式"雨纷纷"的清明放到一边，鸟语花香的季节，如何能不想起苏东坡？吾爱杜牧，吾更爱东坡，东坡的"休对故人思故国，且将新火试新茶，诗酒趁年华"，从青年时代开始便是我的座右铭。虽然我并不曾真正领略那酒的醇厚与放达，但在东坡看来，酒与茶是相辅相成的，是异曲同工的，是惺惺相惜的，我便以苏东坡为马首是瞻。

年轻时多么地不懂东坡啊，还以为他是个宋朝的李白呢，直到将那茶真正喝透了，才知晓东坡与李白之间的跨度。比如这首《望江南》，我原来只知道说的是苏东坡来不及思故国，且忙着品新茶，却不知那后面的内心层次。

1074 年的秋天，身为杭州通判的苏轼离开江南佳丽地，北上移守密州，也就是今天的山东诸城。第二年秋八月，他命人修葺城北旧台，请其弟苏辙题名"超然"，取的恰是《老子》的"虽有荣观，燕处超然"之义。又过一年，暮春时节，苏轼登超然台，写下了这首著名词调。

上阕："春未老，风细柳斜斜。试上超然台上看，半壕春水一城花。烟雨暗千家。"登上超然台，本意是超然，但又如何超然得了呢？眺望春色，又怎么能够不想念西湖烟雨呢？故有了下阕的"寒食后，酒醒却咨嗟"。在清明前的一天，寒食之日，是火烧介子推的日子，是不得动火的日子，动火者非君子也。无火不茶，无法煎茶，那么就沽酒而醉吧。醒来后却正是清明，清明干什么呢？苏东坡却"咨嗟"起来。难道是苏东坡酒醒后不知道该再吃什么了吗？

苏东坡是个什么人啊，借用当代的网络语言，他就是天字第一号的"大吃货"啊。他能够不知道清明前后的茶是最好的吗？乾隆评价龙井茶，是这么说的："火前嫩，火后老，惟有骑火品最好。"说的是寒食前后的茶都不是真正的好，一个是不到位，一个是过了头，最好的茶，其实就是清明之日，也就是乾隆称之为"骑火"的日子。虽然一千多年前"骑火"这个词儿还未必入诗入书，但这不等于东坡不知道那时节茶的好，酒醒后他的"咨嗟"是大有深意的，是借酒消愁后的未消宿愁。赶快忘了昨夜的残梦，借着新火翻过生命中的旧章，新火并非是新砍的柴烧出的火，新火就是寒食禁火之后点燃的火，那是另起一章的岁月华文，句号之后重新开始的人生。故有"休对故人思故国，且将新火试新茶"之迂回，那真是宋人的意境，和李白"仰天大笑出门去，我辈岂是蓬蒿人"的唐人式的天真直率，另有一番欲说还休。末了收尾的"诗酒趁

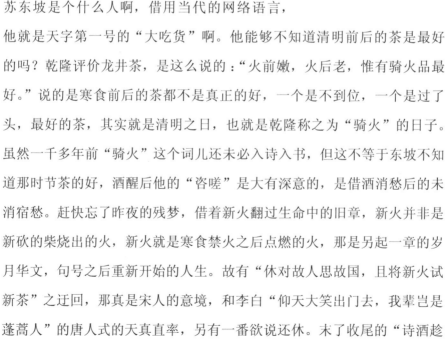

"从来佳茗似佳人"，是苏东坡关于茶最著名的一句

年华"，那豪迈与婉约、纯粹与繁复、超越与沉溺、调适与排遣，苏东坡之大，大有深意啊！

那一年苏东坡三十七岁，虽已经宦海浮沉，但还处在大有希望的好年华啊，新火新茶，诗酒年华，他内心的热情不曾退去。他在仕途上虽几升几降，却高唱"大江东去"，游山玩水，煮酒烹茗，只作为一件乐事来对待。宋代诗人爱茶，固然因为他们喝茶，但更多是把饮茶作为一种淡泊超脱的生活方式来追求的。"休对故人思故国，且将新火试新茶，诗酒趁年华"。这里，享乐与忘却的情绪交替出现，茶，无疑成了忘忧草。

一晃十年过去了。元丰七年，1084 年的立春日，距今实实的近千年啊，历经坎坷的苏轼经历了乌台诗案，被发配至黄州当团练，终于由黄州调任汝州。就在赴任途中，他与友人在泗州附近的南山游玩。正是微寒天气，东坡诗情遂发，诗云：

> 细雨斜风作小寒，淡烟疏柳媚晴滩。
> 入淮清洛渐漫漫，雪沫乳花浮午盏。
> 蓼茸蒿笋试春盘，人间有味是清欢。

"雪沫乳花"恰是那雪白的茶汤，而"蓼茸蒿笋"则是那碧绿的菜肴，苏东坡说的正是立春的民间习俗：初晴微寒的河滩，广漫的原野，久违的诗友，未知的人生，忧伤中的希望，构成并非虚无的人生。苏东坡有本事给这所谓平凡的生活一个讲究的理由：有滋有味的生活。而这种生活是干净的，与自然吻合的，纯洁的，但这生活并不排斥物质，它不是纯粹精神性的、柏拉图式的，它是欢乐的、愉悦的，是包含着生命中灵肉的快感的。

旧影中的苏堤

　　白驹过隙，一晃五年过去，苏东坡再次来到久违的杭州。这一回他是来当太守的。他修建了苏堤，堆筑了三潭，重浚了六井，挖掘六一泉，游遍了西湖山水。有一天身体不适，但他游湖一天，每到一寺便坐下饮茶，

现在的苏堤（林陌／摄）

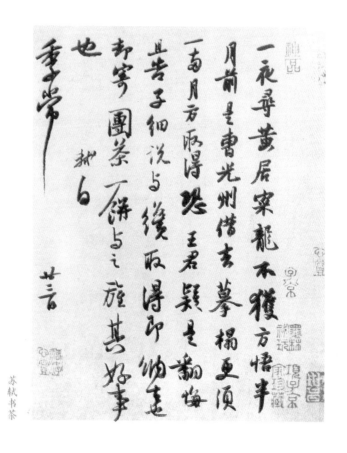

苏轼书茶

病竟然好了，于是留下了《游诸佛舍，一日饮酽茶七盏，戏书勤师壁》一诗："示病维摩元不病，在家灵运已忘家。何须魏帝一丸药，且尽卢仝七碗茶。"苏东坡对诗作了自注："是日净慈、南屏、惠昭、小昭庆及此，几饮已七碗。"他一路喝过去，远远不止七碗茶，而且喝的是酽茶，就是浓茶。诗中说的是自己治病哪里需要魏文帝的仙丹啊，只要能够喝下卢仝的七碗茶就够了。

我们都知晓，宋代是词的鼎盛时期，以茶为内容的词作也应运而生。这个历史时期的茶，可以说越来越具备复合的特质，无论广度还是深度，时代的思想都越来越深刻地融入茶汤。无论人们的精神生活，还是世俗生活，都深深地渗入了茶汤的印记。而茶与文学之间的关系，在宋词蓬勃的时代，更呈现出万紫千红的局面。前期以范仲淹、梅尧臣、欧阳修为代表，后期以苏东坡和黄庭坚为代表。此时的苏东坡以才情名震天下，他的茶诗多有佳作，他的茶赋文也深入人心。如他所写的《叶嘉传》，以拟人方式的传记体裁歌颂了茶叶的高尚品德："叶嘉，闽人也，其先处上谷。曾祖茂先，养高不仕，好游名山。至武夷，悦之，遂家焉……"这种独特的原创体例，可谓匠心独具。

文人从来逸事多。有个墨茶之辩的故事，说的是苏东坡和司马光，他俩都是茶道中人。一日，司马光开玩笑问苏东坡："茶与墨相反，茶欲白，墨欲黑，茶欲重，墨欲轻，茶欲新，墨欲陈，君何以同爱此二物？"苏东坡说："茶与墨都很香啊！"

还有个故事，说的是东坡提梁壶的来历。传说宋朝大学士苏东坡晚年不得志，弃官来到蜀山，闲居在蜀山脚下的凤凰村上，吃吃茶、吟吟诗，倒也觉得比在京城做官惬意，但苏东坡还感到有一样东西美中不足——紫砂茶壶太小。苏东坡想：我何不按照自己的心意做一把大茶壶？谁知看似容易做却难，几个月过去，苏东坡还是一筹莫展。一天夜里，小书僮提着灯笼送来夜点心，苏东坡心想：哎！我何不照灯笼的样子做一把茶壶？灯笼壶做好，又大又光滑，缺个壶把。苏东坡抬头见屋顶的大梁从这一头搭到那一头，两头都有木柱撑牢，灵机一动，赶紧动手照屋梁的样子来做茶壶。茶壶做成了，苏东坡非常满意，就起了个名字叫"提梁壶"。因为这种茶壶别具一格，后来就有一些艺人仿造，并把这种式样的茶壶叫作"东坡提梁壶"。

这故事当然不是历史事实，民间传说只是反映了陶都宜兴人民的一种心愿或民俗民风。事实上东坡提梁壶是由清代制壶名家们不断改制、加工、演变，才终趋于成熟的。

那么，晚年的苏东坡，究竟还在从事他的什么茶事活动呢？作为介入政治的茶人，苏东坡一生遭受着迫害。他一贬再贬，1097年终于被贬到了海南，那一年他六十二岁了。在三年流放的苦难生涯中，苏东坡曾经写下了一首被茶人奉为茶诗楚翘的千古诗章七律《汲江煎茶》。北宋哲宗元符三年（1100年），作者还被贬在儋州（今海南儋县），这首诗就是这一年的春天在儋州作的：

> 活水还须活火烹，自临钓石取深清。
> 大瓢贮月归春瓮，小杓分江入夜瓶。
> 雪乳已翻煎处脚，松风忽作泻时声。
> 枯肠未易茶三碗，卧听山城长短更。

杨万里曾经从文本的角度出发，高度评价这首诗道："七言八句，一篇之中，句句皆奇；一句之中，字字皆奇，古今作者皆难之。"而作为一首茶诗，很长时间以来，《汲江煎茶》一直是我拿来用作经验茶学的范本，直到我来到天涯海角的东坡书院，才读出了另一个苏东坡。一直以来，我在这首诗里读到的是高雅闲适，又何尝读出过一个流放在万里蛮荒之地的衰老身心在极度痛苦中的极度克制呢？这种对劫难遭遇的耐心抵制，正是茶人对生命的态度。同样是大文人的李白，却是作为酒人而在历史上千古流芳的。同样的遭遇，同样的江水，酒人李白便跃入江心捞月亮去了。

整整二十六年前，写《望江南》时三十七岁的苏东坡，写下了"且将新火试新茶"，而今六十三岁的老人，同样写茶，却用了"活水还须活火烹"。一盏茶渗透生命，新与活同是生命力的守望。

幾事不密則害成令高者
抑之下者揚之使精粗不
致於混殽報人其難諸奈何
矜細汁而事諲謀惜之

壹壹

∴陆游与分茶

—— 末世中的慰藉

南宋淳熙十三年（1186 年），大诗人陆游，写下了两首被后世反复吟咏的律诗，一首是写于暮春的《临安春雨初霁》：

世味年来薄似纱，谁令骑马客京华。

小楼一夜听春雨，深巷明朝卖杏花。

矮纸斜行闲作草，晴窗细乳戏分茶。

素衣莫起风尘叹，犹及清明可到家。

此诗一出，当时朝野击掌有加，宫廷内外大小文人，均为"小楼一夜听春雨，深巷明朝卖杏花"的意境折服；而后世茶人们，则更加关注下一联"矮纸斜行闲作草，晴窗细乳戏分茶"，将此作为确认点茶技艺"分茶"在两宋历史上曾经风靡的重要依据。那时，国家处于多事之秋，一心想杀敌立功的陆游，却被宋孝宗当作一个吟风弄月的闲适诗人看待。学者认为，此诗表达了陆游愤懑失望以分茶自遣的心情。

而同年陆游的另一首诗《书愤》，则体现出他另一番怒目金刚的风貌。由于此作被选入中小学生语文课本，并在高考中出现频率较高，因此事实上成为比《临安春雨初霁》更广为传诵的名篇。全诗如下：

> 早岁那知世事艰，中原北望气如山。
>
> 楼船夜雪瓜洲渡，铁马秋风大散关。
>
> 塞上长城空自许，镜中衰鬓已先斑，
>
> 出师一表真名世，千载谁堪伯仲间。

此诗同样写于1186年春，全诗概述了自己青壮年时期的豪情壮志和战斗生活情景，句句是愤，字字是愤，以其雄放豪迈的气势而千古传诵。此诗甫成，陆游便因孝宗之召，从家乡山阴来到京都临安，在杭州孩儿巷小楼中，听着春雨，等待朝廷召见。此时六十二岁的陆游在家闲居六年，要实现大丈夫家国抱负，已时不我待。然而，最后等来的，只是发至严州府，封了个宝谟阁待制的行政小官，气吞如虎的豪情，径直化成素衣风尘之叹。故《书愤》实为《临安春雨初霁》之写作背景，而《临安春雨初霁》则是《书愤》心情的延续。"楼船夜雪"与"小楼春雨"，"铁马秋风"与"草书分茶"，互为阴阳，相辅相成，恰是一种情怀下的两种表达。

分茶，作为两宋时期点茶技术的艺术化表达，有其专门的审美标准。有关这方面的文史记录显示，上至最高统治者的皇帝，中至文人士大夫，下至布衣百姓、缁服僧人，都有涉及。虽分茶评判标准唯一，但因分茶者品味的不同，却分辨出分茶意境的高下不同来。

且看宋徽宗赵佶的分茶。由他自己绘制的《文会图》中，已经栩栩如生地传递出这位风流皇帝分茶时的心境。此时国家已危如累卵，本当枕戈待旦的最高统治者却身着文人白袍，身处御花园中，免冠笑谈，与一班误国奸臣交流分茶心得。徽宗向以追求奢侈生活、擅长书法绘画而在中国历史上出名，但普通的书法绘画已不能满足其喜好，唯分茶这种独特而又高难度的艺术技艺，才能够满足其欲望。

"分茶"这种茶的技艺，始于五代十国时期。彼时南方有一僧人名叫文了，《荆南列传》记载他时说："雅善烹茗，擅绝一时。武信王时来游荆南，延往紫云禅院，日试其艺。王大加欣赏，呼为汤神，奏授华定水大师。人皆目为乳妖。"这是关于分茶的早期记载。到了北宋初年，有托名毂的《清异录》，其《茗荈》之部"茶百戏"条说："茶至唐始盛。近世有下汤运匕，别施妙诀，使汤纹水脉成物象者，禽兽虫鱼花草之属纤巧如画；但须臾即就散灭。此茶之变也，时人谓之'茶百戏'。"陶毂所述"茶百戏"便是"分茶"，也有"水丹青"之称。时至北宋末年的宋徽宗，要向一百年多前的茶艺大师们挑战，故经常举办茶会，赐宴群臣，亲自为大臣点茶、分茶，由此得到满足，同时也在大臣们的击掌赞叹中得到精神享受。

宣和元年（1119 年），离北宋消亡只剩八个年头了。九月十二日，赵佶举办了一次声势浩大的茶宴。大奸臣蔡京在《保和延福二记》中记载道："过翠翘燕阁诸处，赐茶全真殿，上亲御撒注赐出乳花盈面。臣等惶恐，前曰：'陛下略君臣夷等，为臣下烹调，震悸惶怖，岂敢啜？'上曰：'可少休。'"这里完整地描述了宋徽宗亲自为大臣们分茶赐茶的经过，大臣中还有童贯等，可以说奸臣们基本都到齐了。

两年之后的 1121 年，赵佶的分茶技术又有了很大提高，为了显示技艺，博得喝彩，他又举办了一次盛大茶宴。大奸臣蔡京再次做了记录，在《延福宫曲宴记》中记载道："宣和二年十二月癸巳，召宰执亲王等，曲宴于延福宫。上命近侍取茶具，亲手注汤击拂。少顷，白乳浮盏，而如疏星淡月，顾群臣曰：'此是布茶。'饮毕，皆顿首谢。"描述了宋徽宗亲自给大臣注汤击拂，让大臣欣赏他分茶的景象。蔡京是当时有名的大书法家。误国君臣们在分茶技艺上，其实是有着同样爱好的。

　　同样是分茶，在民间又有着不同的风貌。相对而言，这个群体的分茶者们，以功用性为第一要义，从中得到物质和精神的双重满足。茶学界经常提到的僧人福全便是其中典型的代表。同样是《清异录》中"生成盏"条提到："馔茶而幻出物象于汤面者，茶匠通神之艺也。沙门福全生于金乡，长于茶海，能注汤幻茶成一句诗，并点四瓯，成一绝句，泛乎汤表。小小物类，咮手办耳。檀越日造门求观汤戏。全自咏曰：'生成盏里水丹青，巧画功夫学不成。却笑当年陆鸿渐，煎茶赢得好名声。'"这位福全有了一番技艺，博得众人喝彩，有点类似于杂技艺人完成了高难度动作，自豪是可以的，但他竟然笑起"茶圣"陆羽，将陆羽比作一个以煎茶为最高理想的人，这便显得分茶境界近乎于无了。

　　福全也是北宋初年人，他的这门手艺到了南宋，成了一种习俗。南宋吴自牧的《梦粱录》卷十六"茶肆"记说："巷陌街坊，自有提茶瓶沿门点茶，或朔望日，如遇吉凶二事，点送邻里茶水，倩其往来传语耳。有一等街司衙兵百司人，以茶水点送门面铺席。乞觅钱物，谓之'龊茶'。僧道头陀道者，欲行题注，先以茶水沿门点送，以为进身之阶。"福全还只是以自己的分茶之艺博得好名声，而街司衙兵百司等人，以点茶为名，巧取豪夺，茶亦因此被玷污了。至于有些僧道中人，挨门点茶，则是为了能够进入这些人家，表演他们的分茶技艺，以换取报酬，此时的分茶，或已是一种专门的娱乐职业了。

　　士大夫阶层，虽然也会欣赏甚或精通茶艺，但他们基本上还是将此作为一种修身途径，来达到其内在的君子品性要求的。

从审美上说，这个群体的人与其说是会分茶，莫若说是懂分茶。南宋大诗人杨万里的《澹庵坐上观显上人分茶》，记述了他观看显上人玩分茶时的情景，诗云："分茶何似煮茶好，煎茶不如分茶巧。蒸云老禅弄泉手，隆兴元春新玉爪。二者相遇兔瓯面，怪怪奇奇真善幻。纷如劈絮行太空，影落寒江能万变。银瓶首下仍尻高，注汤作势字嫖姚。……"这里便是在解读分茶了。显上人和杨万里，一个会分茶，一个会欣赏分茶，那就是真正的知音。

陆游是不是分茶高手，我们不知道，他在诗中说自己是"戏分茶"，有姑且一试的意思在其中。但陆游一生有茶诗三百多首，是历代诗人中写茶最多的一位。他爱茶，懂茶，懂分茶，会分茶，那是毫无疑问的。

陆游对茶的钟爱，集中体现在他与陆羽之间的关系上。他与"茶圣"同姓，又以陆羽之号"桑苎翁"为自名。他在《自咏》中说："曾著《杞菊赋》，自名桑苎翁。"又在《安国院煎茶》中说："我是江南桑苎家，汲泉闲品故园茶。"他甚至将自己比作陆羽转世，在《戏书燕几》中说："《水品》、《茶经》常在手，前身疑是竟陵翁。"在《八十三吟》中，他又说："桑苎家风君勿笑，他年犹得作茶神。"他甚至有续写《茶经》的愿望。没有对茶的无比热爱，是不可能对陆羽有如此深切的认同感的。

陆游爱茶，还来自他与生俱来和茶相依相伴的成长史。他本绍兴人氏，山阴出好茶，他自小便在茶中浸渍，少年时拜文学大家曾几为师。曾几寓居上饶茶山，陆游便常往茶山跑，他后来回忆说："忆在茶山听说诗，亲从夜半得玄机。"家乡的日铸茶随陆游周游四方。对故园市事，他有着深刻的记忆。他在《湖上作》一诗中写道："兰亭之北是茶市，柯桥以西多橹声。"又在《兰亭道上》一诗中写道："陌上行歌日正长，吴蚕捉绩麦登场。兰亭酒美逢人醉，花坞茶新满市香。"花坞茶恰是宋时绍兴又一名茶。

以后陆游又长年在蜀中宦游，巴蜀为茶之故乡，陆游遍访名茶，留下了诸多蜀茶记忆："聊将横浦红丝煨，自作蒙山紫笋茶。""雪芽近于峨眉得，不减红囊顾渚春。"无疑是将蜀中之茶作了好茶的标本。

陆游与茶之密切的关系，尤其来自于他曾经两任茶官的经历。宋孝宗淳熙五年到七年，也就是 1178 年至 1180 年间，陆游相继出任提举福建常平茶盐公事和提举江南西路常平茶盐公事。无论福建还是江南西路，都是产茶区，尤其是福建建茶，天下闻名。陆游在琐碎的行政公务中寻求解脱的重要排遣，正是与茶同在。他的重要工作之一就是试茶，品出高下，上贡朝廷。天长地久，浸润茶中，深谙此道。

陆游的晚年，亦是与茶相伴度过的。他在《疏山东堂昼眠》中说："吾儿解原梦，为我转云团。"此处的"转云团"便是点茶时的击拂，诗句下他还自注说："是日约子分茶。"此处的"约"就是陆游的第五子子约，与儿共茶事，成了他重要的心灵慰藉。

以陆游为代表的爱国文人士大夫，终究是以儒家文化为底色的，故而，他们对茶的审美，始终映衬着家国情怀。我们已经在陆游的分茶中，看到他对那个时代的整体态度。我们还可以在另一位伟大的爱国主义者文天祥身上，看到这种对茶的认识。茶艺在南宋最后一个宰相文天祥眼中，远远超过了文娱活动、技艺竞争，茶在他那里，是和平生活的象征，是国家安宁、人民安康的象征。

江西茶乡而来的文天祥也是一位深谙茶道之人，分茶对他来说不是陌生之事。1262 年，他与其弟同在朝廷为官，与当年的陆游一样，他也曾客居临安。在其弟生日时，他写下了《景定壬戌司户弟生日有感赋诗》，诗中说："孤云在何处，明岁却谁家。料想亲帏喜，中堂自点茶。"说的是母亲为儿女庆生，自己在客厅里点茶的情景。那本是合家团聚以茶相庆的时光啊。

文天祥另有一首诗《饮中冷泉》，当年陆游游览此泉时，也曾留下诗句：“铜瓶愁汲中濡水，不见茶山九十翁。”而文天祥的诗句，更以茶说国破家亡之事：

> 扬子江心第一泉，南金来此铸文渊。
> 男儿斩却楼兰首，闲评茶经拜羽仙。

这里的“闲评茶经”，叩拜羽仙，是以消灭侵略者为前提的，而“斩却楼兰”之后的生命指向，则是与茶共生。文天祥与六十六年前告诫子孙“王师北定中原日，家祭无忘告乃翁”（《示儿》）的陆游，有着多么相似的情怀。

陆游有七子一女。其孙陆元廷，闻宋军兵败崖山后忧愤而死；其曾孙陆传义，闻崖山兵败后绝食而亡；其玄孙陆天骐，在崖山战斗中不屈于元，投海自尽。他们不愧为陆游的后人。

宗炎事

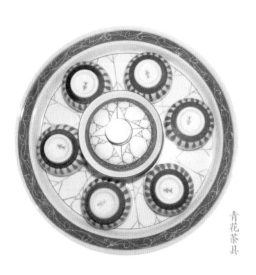

青花茶具

壹贰

::器为茶之父
——茶具的世态

《绮情楼杂记》这本书中，有个故事，说的是福建一个富翁，喝茶成癖。一天，来了个要饭的靠在门上，看着富翁，说："听说您家的茶特别好，能否赏我一杯？"富翁哂笑说："你懂得茶吗？"那乞丐回答："我从前也是富翁啊，喝茶才破的产，故而落到要饭的地步。"富翁一听，同情了，叫人把茶捧出来。乞丐喝了，说："茶倒不错，可惜还不到醇厚的地步，因为茶壶太新之故。我有把壶是平日经常用的，至今还带在身边，虽饥寒交迫也舍不得卖。"富翁要来一看，这壶果然不凡，造型精绝，铜色黝然，打开盖子，香味清馨，用来品茶，味异寻常，就打算买下来。乞丐说："我可不能全卖给你，这把壶，价值三千金，我卖给你半把壶，一千五百金，用来安顿家小，另半把壶我与你共享，如何？"富翁欣然允诺，乞丐拿了那一半的钱，把家安顿好了。以后每天都到富翁家里来，用这把壶饮茶对坐，好像老朋友一般了。

这个故事，是说茶与茶具之间的关系。作为一种精神饮品的茶水，其承载的器皿必然也要求具备与它相应的人文内涵。因此，茶具在某种意义上已经不再是单纯的实用器具，从应用进入了审美范畴，成为茶文化的重要构成部分，故而茶学界便有了"器为茶之父"一说。

专门茶具的出现，是公元 7 世纪以后的事情。在这以前，茶汤和其他食物共用一种器皿。这些兼用的茶具，主要是用陶土制成的，因此，茶具的另一个特征就是它与我国古代伟大文明——陶瓷有着密切的关系。

外国人叫中国为 China，China 最初在英文中是瓷器的意思，可见陶瓷与中国的关系。唐以前，人们的饮茶，虽然亦有各种不同形式，但基本上还属于生煎羹饮，饮茶和烹茶的过程还不是很复杂，所以碗、杯、罐都可以作为茶具来使用。

到了唐代，饮茶用器逐渐从酒器和食器中分离了出来。分离的原因不外乎两个：一是人们从喝茶进入了品茶，茶的艺术精神渗入人的心灵，这是外在原因；另一个内在原因是茶具在随着茶的发展而演变的同时，逐渐成为一种实用与艺术的综合物。人们在制作茶具时，越来越注重求其精良，求其美观，求其本身具有艺术欣赏价值。

杭州中国茶叶博物馆茶史厅内，陈列着中国长沙窑出土的唐代初期茶碗，碗中有"茶碗"二字。长沙窑在湖南长沙铜官镇一带，是唐代重要的瓷窑，釉下彩绘就是长沙窑创制的。这种碗敞口瘦底，碗身斜直，呈灰黄色。

唐代的人们，对茶具是如何评价的呢，且让我们回到"茶圣"陆羽的《茶经》。

《茶经·四之器》是这样评价的：如果说邢瓷质地像银，那么越瓷就像玉，这是邢瓷不如越瓷的第一点；如果说邢瓷像雪，那么越瓷就像冰，这是邢瓷不如越瓷的第二点；邢瓷白，茶汤泛红色，越瓷青，茶汤呈绿色，

越窑青瓷带托盏（锈剑／摄）

这是邢瓷不如越瓷的第三点。

瓯，是越州制的好。瓯的上口不卷边，底呈浅弧形，容量不到半升。越州瓷、岳州瓷都呈青色，能增进茶汤色泽。邢州瓷白，使茶汤色红；寿州瓷黄，使茶汤色紫；洪州瓷褐，使茶汤色黑，都不宜盛茶。

我们在此可以看到人们主观的审美需求对茶具的深刻影响。邢窑、越窑都是中国的名窑，向来就有"南青北白"之说，本来是各有千秋、不分高下的，但是有了茶汤的介入，陆羽便把它们分出等级来了。

唐代茶具，主要是瓷壶和瓷碗。瓷茶壶，唐人叫茶注子。壶的形式，以短形小流代替了过去的鸡头饰流。

此外，从唐开始，茶托子也开始流行了。茶盏用托，据史书《资暇录》记载，还有一段有趣的传说。说的是唐代有个叫崔宁的成都府尹，他的女儿喜欢喝茶，因嫌茶盏注茶后烫手，灵机一动，把蜡烤软，做成蜡环，放在小碟子上，再把茶盏放在蜡环上，后来又让漆工仿制成漆制品。崔宁看了很高兴，就把这种碟子称为"托"。

亦有专家在江西出土的晋代文物中发现有类似茶托子的器物，便提出在当时已有茶杯和与之配套的茶托的观点，如果这个观点得以考证，那么可以说明，唐和唐以前就已有成套的饮茶器具了。

宋代，美学受理学影响，人的心境和意绪，成为艺术和美学的主题，这种对韵味与超脱境界的追求，反映在茶具上，便是力求质地之美。那时的茶具以单色釉及窑变效果为基本特点，形成凝重深沉的质感。

茶盏是那个时代的主要茶具，这是一种小形的碗，敞口，小足，厚壁，有的地方也称盅，俗称盅盏。根据传世器物看，有黑釉、酱釉、青釉、青白釉及白釉五种，其中以延安黑釉最为名贵。

说黑盏最为名贵是就茶盏而言的。从陶瓷史上看，宋代是一个空前繁荣的时期，陶瓷美学达到了一个新的境界。说宋代茶盏而不把它摆到陶瓷史上去说，不全面。

黑瓷茶具始于晚唐，鼎盛于宋，延续于元，衰微于明清，这是因为自宋代开始，饮茶方法已由唐时的煎茶法逐渐改变为点茶法，而宋代流行的斗茶，又为黑瓷茶具的崛起创造了条件。宋徽宗在《大观茶论》中说："盏色贵青黑。"这和宋人的斗茶风俗是分不开的。宋人的斗茶要求茶色白，制茶时要专门把茶汁都挤掉，这样就宜黑盏了。黑盏白汤，看上去历历分明，斗茶效果才明显。所以，宋代的黑瓷茶盏，成了瓷器茶具中的最大品种。建盏配方独特，在烧制过程中使釉面呈现兔毫条纹、鹧鸪斑点、日曜斑点，增加了斗茶的情趣。宋代茶盏在径山寺被日本僧人带回国后，一直被视为珍贵无比的"唐物"而受到崇拜，直至今天。明代开始，由于"烹点"之法与宋代不同，黑瓷建盏终于式微，基本完成实用功能的历史使命，而作为审美器物永恒地存在于现实生活中。

宋黑瓷茶具（铸剑／摄）

由于盛行用盏，宋时的盏托制作也比唐代更为精细。茶盏托口高起，托沿多做花瓣形，托底中空以便盏足插入。

宋代的茶壶由前期的饱满变为瘦长，纹饰也由过去的莲瓣形发展为瓜棱形。

元代，茶壶的流子从原来的肩部移至腹部。另外，江西景德镇的青花瓷异峰突起。青花瓷茶具淡雅滋润，国内共珍，海外称奇，日本"茶汤之祖"珠光氏特别喜欢它，日本人便把它定名为"珠光青瓷"。

12世纪到14世纪，日本佛僧到天目山佛寺留学，带回施有黑釉的茶碗，日本人称为天目瓷。日本的茶道流派，很在乎有没有中国带去的瓷碗，并以此来作为划分流派等级的一个标准。

到了明代，对于茶具色泽的要求，却来了个一百八十度的大转弯，杭州茶人许次纾在《茶疏》中说："其在今日，纯白为佳。"对茶具色泽的推崇，由黑转白了。

什么原因？有个叫张源的人说：欲试茶色黄白，岂容青花乱之。就是说，茶汤的颜色已经由色白转变为色黄白，黄白色要用白瓷来衬，方才好看，用青花之色，就乱了。

由于冲泡散茶普遍盛行，到了明代中期后，紫砂茶壶冲泡茶叶成为一时风尚。

明代，是紫砂茶具的时代，其中以壶为最，明代人对紫砂壶的崇尚，几乎到了狂热的程度。

明末张岱在《陶庵梦忆·砂罐锡注》中说："夫砂罐砂也，锡注锡也，器方脱手，而一罐一注价五六金……"

吴骞在《桃溪客话》中说："阳羡名壶，自明季始盛，上者与金玉同价。"

紫砂茶具产于江苏宜兴，盛于明代，人们一般总说它有良好的保味功能，泡茶不走味，储茶不变色，盛暑不易馊。紫砂壶色泽光润古雅，泡出的茶汤纯郁芳馨，造型简练大方，色调古雅淳朴，风格超凡脱俗，意韵深厚沉郁，而历代文人雅士的参与，使其更具有艺术价值。

青花瓷茶具（锈剑／摄）

紫砂茶壶（锈剑／摄）

再往深处究，一个时代的审美从来就离不开一个时代的思潮的。继宋代程朱理学之后，发展为王阳明的心学，在中国学术思想史上，被称为新儒学。这个学说集儒学的"中庸、尚理、学简"，释学的"崇定、内敛、喜平"，道学的"自然、平朴、虚无"为一体。在艺术上，主张以自然为美，反映在茶具的品味上，就要求平淡、闲雅、稳重、自然、质朴、收敛、内涵、简约、蕴藉、温和、敦厚、静穆、苍老……

显然，紫砂壶是诸种意绪的载体，真正意义上制作它的鼻祖名叫供春，住在金沙寺里，为进士吴颐人的书童。一位不知名的僧人教会了他制壶，而壶的落款则是僧人书写后由他镌刻上去的，存世至今的供春壶寥寥可数，被奉为国宝。

紫砂壶与别的茶具最不同之处，就是有传人和传人落款的传世之作。如果说时大彬、徐有泉、陈鸣远、杨彭年、邵大亨等为古代制壶大家，那么朱可心、顾景舟、蒋蓉等今人便是名噪海内外的一代制壶大师。紫砂壶的身价一浪高过一浪，经久不衰，跟名家名壶的不断问世，是分不开的。

明人吴梅鼎有过一篇《阳羡茗壶赋》，那是写得相当有声色的，把它

清代外销茶具（锈剑／摄）

翻译成白话文，大致意思如下：

说到那泥色的变幻，有的阴幽，有的亮丽；有的如葡萄的绀紫，有的似橘柚一样的黄郁；有的像新桐抽出了嫩绿，有的如宝石滴翠；有的如带露向阳之葵，飘浮着玉粟的暗香；有的如泥沙上洒金屑，像美味的梨子使人垂涎欲滴；有的胎骨青且坚实，如黔黑的包浆发着幽明。那奇瑰怪谲的窑变，岂能以色调来定名？仿佛是铁，仿佛是石，是玉吗？还是金？齐全的和谐归于一身，完整的美均匀着通体。远远地望去，沉凝如钟鼎列于庙堂；近近地品，灿烂如奇玉浮幻着精英。何等地美轮美奂，世上一切的珍宝都无法与它相匹。

明人除喜用壶之外，也喜用盏。盏以小为佳，白釉小盏直口尖底，成鸡心形，俗称"鸡心杯"，尤为明人喜爱。

明代的茶具可谓集大成，它的艺术意义也远远超过了茶具本身。

清代茶具的风格，与唐之华贵、宋之纯净迥然不同，它是倾向于富丽浓艳、纤细繁缛的。自然，这种审美意趣离不开城镇手工业的空前繁荣和商品市场价值制约下的市民意识潮流。其中景德镇窑烧制的各色釉，青花、粉彩、五彩装饰的茶壶，有圆形、方形、莲形、扁圆形、竹节形、菊瓣形等式样，时有"景瓷宜陶"之说。

从唐代开始的茶盏、茶托到了清代，终于配上了盏盖，成为我们今天常常使用的一盏一盖一碟式的三合一茶盏——盖碗。

　　说了茶具发展的纵线，再来横向说说当今的茶具。中国那么大，民族那么多，喝茶的方法又那么不同，所以，茶具便也显得格外丰富繁多，各具特色了。

　　比如说广东、福建那一带的人爱喝乌龙茶，有一种喝法叫功夫茶，茶具讲究得很，有四件：一为潮汕风炉，用白铁制成，小巧玲珑，以硬炭作燃料，也有用甘蔗渣或橄榄核的，那是为了防烟入壶口。一为玉书碾，也就是煮水壶，扁形壶，容水四两，可在火上烤。一为孟臣罐，这是一种小

不同色泽的瓷器茶具（林陌／摄）

型的紫砂壶，多出自宜兴，色以紫为贵，容水二两。孟臣是宜兴的一位制壶名家，因制小壶闻名于世。一为若琛瓯，这是一种白色的小瓷杯，只有半个乒乓球那么大小，容水不过二三钱。若琛，据说是个和尚的名字。只有这四样东西加在一起，人们才能喝到货真价实的"功夫茶"。

器为茶之父（林陌／摄）

云南边陲的少数民族中，有喝烤茶的习惯，他们用的茶具叫"老鸦罐"。老鸦罐是陶制的罐子，放在火中烤热了，把茶扔进去烤，一直烤得噼里啪啦直响，发出焦味，再冲水。这种罐子，没有盖，耐高温，不知为什么叫"老鸦罐"，也许是因为烟熏火燎，色泽和乌鸦一般黑了的缘故吧。

藏人喝茶，堪称世界之最。他们一般都用木碗当茶具，喝的是酥油茶，走到哪里，茶碗就带到哪里。跑到一个帐篷，木碗掏出来，主人就知道要给他们倒酥油茶了。贵族家的木碗，镶银包边，茶壶也一样装饰得精致考究。至于寺庙中的茶具，那就更为讲究了，茶碗有盖有托，都是银光闪闪的，让人看了不忍心当茶具用，反倒当作金银工艺品用来欣赏。这样的茶具，也只在那些盛大的宗教节日里才取出来，平日是不用的。

行文至此，我想起了中国作家王小波的一段话："在器物的背后，是人的方法和技能，在方法和技能的背后是人对自然的了解，在人对自然了解的背后，是人类了解现在、过去与未来的万丈雄心。"王小波这段见解是我了解到的关于茶具器物的最深刻的诠释。

孔門高弟當洒掃應對事之

末者亦所不棄又況藁萃其

既散拾其已遺運寸毫而使

邊塵不飛功亦善鈙

⋮⋮马上喝藏茶

——雅安开始的茶马古道

我在青衣河边访茶，遥望蒙山，以怅寥廓。我仿佛看到对岸有一群马，从唐朝向我奔来，一色棕红，身披天光。它们有的一匹挨着一匹，并排而行，有的一匹紧随一匹之后，连仰蹄的动作都一模一样，看上去像是全部都由一匹马幻化而成的。披在它们身上的，是浩瀚的天外之光，那是从雅安的天空漏下来的光明，漫射大地，把马群映照得又朦胧又神秘。它们穿越宋代，踏入明清。千年的长途跋涉磨砺了它们的身形，它们的躯体矫健偏瘦，马蹄看上去很大，好像一枚枚铁印章。终于，它们从我身边踏过，马蹄声碎，喇叭声咽，它们沉思的目光，看上去甚至有些心不在焉，似乎因为旅途的漫长而下意识地忘掉了自己。而它们健颈轻昂，长须在晚风中微微飘扬的神态，使我竟以为它们是雪域高原那些鼻梁高耸、面庞瘦削的鹰一般的康巴汉子的化身。

就是在这样的傍晚，我闻到了藏茶那特殊的浓香。

茶马古道旁的牌坊

茶马古道上的古城门

从天府之国的成都往西南行一百多里，便是曾经做过西康省会的雅安城了。与"扬子江心水"匹配成了一副对联的"蒙山顶上茶"的蒙山，就在雅安。虽然西汉没有蒙山产茶的记录，但依然还可以从各类后世史志笔记的记载中推理出蒙山产茶是可信的。晋代大学者常璩已经在《华阳国志》里写明，三千多年前，周武王伐纣的时候，蜀中的小国们支持周武王，加入他的政治联盟，并且还主动献礼品给他。那效忠的贡品中，就有茶叶，并且周初时，园子里已经种茶叶了。巴蜀本来就是茶的原产地，茶文化事象丰富，人工栽培茶于此地，我想亦不奇怪。

人类总是在顺应自然和改造自然中生存的。有了历史悠久的野生茶，然后人工去栽培它，难道不是非常顺理成章吗。为此，晋人杜育作《荈赋》，说："灵山唯岳，奇产所钟，厥生荈草，弥谷被冈。"那漫山遍野的茶树，可不是靠自生自灭就能够连成片的。我们至少可以说，雅安是全世界最早生产茶的地方之一。

茶马古道

　　雅安是一个藏语，意思是牦牛的尾巴，那牦牛的身子就在藏区，所以雅安挨着藏区，百把里路就到了康定。那里可不仅仅是站在跑马山上唱情歌的所在，那里是茶叶贸易的重镇。藏人所喝之茶，有很多就是从那里人背马驮，翻过雪山，到达藏区中心的。

　　藏人爱喝茶是到了痴迷程度的，有藏谚可证："一日无茶则滞，三日无茶则病。"化成古典书面语体，可见《滴露浸露》一文，其中有"以其腥肉之食，非茶不消，青稞之热，非茶不解"的记述。

　　我不知道从前藏人没有接触到茶的时候是如何生活过来的，但我知道他们喝茶的历史已经有一千多年了。据说公元四五世纪时，吐蕃王朝军队曾攻占到中原边州，抢来了一些黑乎乎的东西，放在麻袋里，因为不知何物，竟一放两百年，后来才知道是茶。倘若放在今天，可当文物拍卖发大财了。不过这条史料我尚未查实，人们一般相信，是文成公主进藏带去了饮茶习俗，那已经是 641 年的茶事了。

也有记载，说茶叶输入藏区的时候，正是藏文创字的时候，时间大约在 632 年左右。藏语茶的发音接近于"甲"，和中国古代川中人叫茶为"槚"的发音一样。时间上比文成公主入藏早了十年，放在历史长河中而言，这简直太不重要了。重要的是藏文创字与藏人喝茶的历史巧合，也就是说，很有可能，茶在最初的民族文化融合的过程中，起了不可或缺的作用。想象那些藏族造字的仓颉们吧，他们是否一边喝着中华腹地之茶，一边琢磨着本民族的书面表达符号呢？那是要比汉族兄弟的仓颉们要幸福得多啊，要知道他们不但没茶喝，还要听夜鬼的哭泣呢。

到了文成公主的曾孙辈，人们对茶的药理功能有了进一步的认识。松赞干布之曾孙都松芒波杰在位时（676—704），他曾说过这样一段关于茶的话："在我患病期间不思饮食，只有饮用小鸟衔来的这根树枝泡的水才感觉比较奇妙。它能养身，是一种治病良药。"

人体的这种感觉是有科学依据的：藏民族饮食大多为牛羊肉和糌粑，喝茶有助于消化，维持人体的酸碱平衡，弥补了饮食中存在的缺陷。茶深受人们喜爱，终于形成了藏人不可一日无茶的习俗。唐建中二年（781年），也就是陆羽茶文化活动高潮的黄金时代里，常鲁公使西蕃，烹茶帐中。赞普问："此为何物？"鲁公曰："涤烦疗渴，所谓茶也。"赞普曰："我此亦有。"遂命出之，以指曰："此寿州者，此舒州者，此顾渚者，此蕲门者，此昌明者……"

你看，到中唐的时候，藏汉的高官们，已经完全可以凭着对茶文化知识的了解，彼此斗智夸耀了。一个拿茶的精神属性来说话，另一个就拿茶的物质属性来应对。藏地虽然不产茶，但茶的品类一点也不比内地要少。

茶叶和饮茶习俗经过如此长期的传播和发展，由宫廷到寺院再传入民间，终于形成了藏民族的一种茶文化形态，其中最具代表性的茶便是酥油茶了。酥油是从牛奶中提炼出的粗制奶油，本来油水很难结合，但藏民族

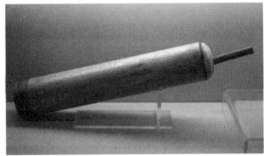

藏族酥油茶茶具（锈剑／摄）

创造性地用反复搅制的方法令其二者水乳交融，使高原地区有了最佳饮品。它那诱人的香味，入口滑润的感觉，不但受到藏民喜爱，也使许多喝过的人赞不绝口。另外，藏族女子打酥油茶的体态真是魅力无限，曲线美好无比，有个舞蹈就是打酥油茶，不喝看看就陶醉了。

茶喝多了，就喝出了文化，藏民族本来就重礼节、讲友谊，饮茶时同样讲究长幼、主客之序。斟满茶先敬父母长辈，茶碗要洁净，以双手敬，用双手接。在藏族百姓家中，有时要请僧人来念经或做法事，僧人的茶具是专门为其购置的，其他人不得使用。牧民在草原上熬茶，茶香伴着花香，另有一番情调。适逢各类节日，人们出游于野外，祭祀神灵、祈求平安，一连数日，载歌载舞，唱着藏歌："清香的糌粑如蜂蜜，黄黄的酥油赛花朵；茶儿浓来花儿香，人生无茶无欢娱。"

僧人更缺不了茶。寺院中通常每日集体饮茶三次，即早、中、晚的诵经礼佛活动后，茶由寺院统一冲煮。如遇祈祷法会、跳神期间，供茶的次数就根据情况而定了。至于平时在学习、诵经、辩经、静修时，茶是万万不可断的，解舌燥，驱倦意，保持头脑清醒、心情平和，全靠它了。

再来说说喝什么茶用什么碗。虽然有金碗银碗，但藏人一般用木碗，有的还镶包着银质花边，显得高贵富丽。木碗实用，携带方便，散热慢，又很结实。我曾听说在西藏漫游，身边得带上这样一个木碗，草原上你正豪放又孤独地行进着，远远地见着一个帐包，你欣喜地奔过去只管掏出那个木碗进去，就一定会有酥油茶的。高原人看着你，目光如雪山般纯洁，你边喝茶边想，太好了。除此之外，你想不出别的词来了。

有两条隐藏在天府之国四川的崇山峻岭中的道路，把藏茶从内地送往了雪域高原，它们是以茶的销区来划分的。一条被称之为西路边茶，以灌县为制造中心，行销到松潘与理县。另一条是南路边茶，以雅安为中心，行销到今天的川西藏区及西藏地区。从雅安到康定的运输，主要靠的不是马，而是人，运茶的背夫有个专有称谓：茶背子。每年一千万斤的茶，全靠这一条条脊梁背往康定。当年的茶背子往返一个来回，起码要花费半个月到二十天。这二十天里他们可以走两条路：大路和小路。大路是官道，好走一些；小路是民道，虽近，却难走多了。两条道都各自印着一千多年来茶背子的足迹，那份苍凉与神秘就铺在路面上。

沿途的重点茶镇，简略介绍如下：

荥经：荥经是诸葛亮七擒孟获到过的地方，是茶叶重镇。有趣的是，在最提倡禁欲的"文化大革命"中，此处竟然出土了一座东汉石棺浮雕，内容为一对古代男女正在亲吻，于是便被今人命名为"天下第一吻"。我

突发奇想，不知这"天下第一吻"的男女有没有品过茶，满嘴清香天下第一吻，那是多好的荥经广告词。

除了第一吻，荥经还出砂器。荥经有"砂器一条街"呢，那砂陶茶具，用来泡藏茶，滋味可入太古吧。

箐口：荥经往南，有一个小驿站，叫箐口。听听名字，就是那种"古道西风瘦马，夕阳西下，断肠人在天涯"的小驿站。明朝大诗人杨升庵流放时路过此地，写下诗句《过箐口驿》："官舍为一舍，人家无十家；客心何所切？夕阳闪归鸦。"从前，就是这个地方，每天晚上，都住满了茶背子。

大相岭：再往下就到大相岭了，也就是古代的邛崃山，那是李白惊叹"难于上青天"的蜀道之山。汉代有两个姓王的益州刺史到此，一个叫王阳，来到山下，被这险山吓出病来了，辞官打道回府。下一任叫王尊，也被吓得心惊肉跳，不过王尊到底是王尊，还有点男子汉大丈夫的尊严，就大叫一声对驭手说：前进！王阳不过是个孝子，我王尊可是个国家的忠臣！

就这么一座山，山顶有一个叫草鞋坪的地方，居然还有过五家茶店，是专供茶背子们住的。如今断壁残垣，还依然在荒草中。

清溪：大相岭的半山腰上，有个叫清溪的古镇。这个地方有句谚语：清风雅雨建昌月。就是说清溪的风大，雅安的雨多，西昌的月亮圆。清溪是古代黎州的州政府，所以什么书院啊，文庙啊，这些和统治阶级主流文化接轨的东西都在。石达开被俘后就在此中转，然后才到成都被杀的。历史上茶马互市时，黎州是六大"茶马司"之一，清溪对茶的重要性是不言而喻的。

宜东：再往前就到了宜东。这个偏僻小镇对茶而言特别重要，雅安所有的大茶号都在宜东开了分号。实际上这就是个茶叶中转站。茶背子从雅安出来时领一半工资，叫上脚；到宜东这个地方，领另一半工资，叫下脚。分号茶主在这个地方，要重新进行一次劳务分配，重办转运手续。谁也说不清这规矩是怎么来的，但今人分析，这应该是古代茶号为防止茶叶在途中丢失所制定的运输模式吧。所以，宜东也有一句谚语：背不完的宜东镇，填不满的康定城。

天全：天全是茶马古道的又一重镇，是个边关的军事要塞，离藏区就隔了一座二郎山。这个地方产茶甚佳。史书记载，唐时，此处的军事将领就命令百姓采了蒙山的茶籽种在此地，到宋至明，土司把司民干脆就编成了土军三千，茶户八百，专门事奉茶事。洪武年间，明朝皇帝下了特诏，免去这里司民的兵役，让他们专心做茶马交易的事情。

茶马古道上背夫的器具（部分）（锈剑／摄）

说到这里的马，各个朝代，性价比也不一样。宋代早些时候，一匹马可以换一驮茶。往下走，一匹大马就得拿一百二十斤茶。到明代时，商品交易细化了。上等马，一百斤茶；中等马，八十斤；下等马，六十斤就可以对付了。

泸定：大名鼎鼎的泸定县就在二郎山脚下，红军飞夺的泸定桥也就在此地。泸定桥建起来的本意并非为了让红军来长征，倒是为了茶马古道上的马队来长征的。从前没有桥的时候，不知道多少运茶的马匹和背夫在此过河丧命，所以，在三百多年前的康熙大帝时代，皇帝下诏修桥，从此"大渡桥横铁索寒"，结束了马帮过河要舟渡溜索的历史，大渡桥成为川藏茶马古道上的第一桥。

泸定桥是康熙亲自定的名字，但康熙犯了常识错误。他本来以为大渡河水为泸水，要它安定，故而取名泸定。谁知大渡河根本不是泸水水系，倒是沫水。当年郭沫若取名时用的就是沫水的意思。

茶背子过桥也是有讲究的，朝廷在桥头设了个茶关，人人得拿了引票，接受检查。政府干预，百姓们就跑了，这个地方反而冷落了下来。

川藏古道上的店招

二郎山： 茶背子最怕翻二郎山。说起来，这座山也曾经让我产生过错觉的。孩提时听大人们唱"二呀么二郎山，高呀么高万丈"，二郎山简直就成了一个轻松优美的审美对象。谁知它是茶马古道上的必经之地，是多少茶背子的鬼门关。川康道中的茶背子，每日皆在五百人以上，下至十岁幼童，上达六旬高龄老者，他们负重登越，艰辛异常。尤以大相、飞越两岭，积雪飞霜行进更难，背夫收入甚微，以冷馍炒面度日，仅勉强能维持一线生命。

我们无法体验也不敢体验当年茶背子们非人的劳动，他们一路行来，只有工具四件：一副背夹子，一张背垫子，一根木拐子，一个汗刮子。20世纪三四十年代，雅安城每天出来当茶背子的人有五百多，有不少茶背子就这样把命丢在了路上。我在蒙山顶上的茶叶博物馆看到的茶背子的雕塑群，真可以用惊心动魄来形容。茶背子的茶歌凄凉苦难，听得让人心酸落泪：

秋天落叶到冬天，穷人害怕过年关，咬紧牙巴背茶去，挣钱回家好过年。
背子背出禁门关，性命好比交给天，山高水长路途远，背夫步步好艰难。
阳雀叫唤桂桂阳，背夫背茶过二郎，打起拐子歇口气，只见岩下白茫茫。

就如伟大的长城由多少孟姜女丈夫的白骨筑成，我们的茶马古道亦就由多少茶背子的血泪铺就。记录下这些，正是告诫自己以及其他人，不要

巴
南
茶
园

忘记任何壮观伟大之后的一切。

而这一段路走下来，茶背子终于到了终点站——康定。康定是茶背子背来的茶叠起来的地方，康定还有一个硬邦邦的名字：打箭炉。

康定是靠着茶冲泡而成的。在清之前，雅安、黎州是最大的茶马交易处。清代，"茶马交易"渐渐被"茶土交易"压下去了，康熙皇帝还算顺应时代潮流，下了一道诏令：行打箭炉市，蕃人市茶贸易。也就是说，可以在打箭炉这个地方开集市，让藏人们到这里来拿他们的土特产来换汉人们的茶。

就这一道圣旨，从此，边茶的交易中心，从雅安移到了康定。

康定这个地方在折多山下的河边，没什么地方可农耕，也没什么地方可放牧，但它却是西藏与内地的交通要道。从前这里有许多的锅庄。这个锅庄不是围着篝火跳藏族集体舞的意思，它回到了本义，就是人们围绕锅子坐庄的一个地方。

据说，从前藏族的马帮商队到了康定，先搭好帐篷，然后就堆三块石头架起铜锅，熬茶做饭，锅庄就此产生。大概因为康巴汉子们吃饱饭后睡不着，就围着锅子跳舞，最后，吃饭睡觉的事情被人隐了，跳舞倒成了人们以为的锅庄。

当地的土司看藏人有这么一个习惯，就干脆在藏人安帐篷架锅的地方盖起了石头房子，这样，来来往往的藏人们和商队都可以住，也省得搭帐篷麻烦。实际上，这就是当地政府的招待所、接待站。久而久之，便发展成了集中介、食宿、货栈、加工和金融为一体的经纪行业。个体老板也纷纷介入此行业，到清盛世时，官办民办加起来，发展到了四十八家锅庄。

锅庄里，茶永远是第一位的。宽敞的院子里，一定会有一个缝茶包的地方。因为人背的茶到此要换成马驮了，茶包就得换形状。还有堆茶包的仓库。当然，马厩是少不了的。两边的厢房是供茶商们住的，收拾得干干净净。

锅庄的主人称为锅主，锅主往往是女的。我看过一些女锅主的照片或画像，一个个都是美人，是可以参加今天选美的那一种。她们落落大方，笑容满面，汉藏两语皆通，眼观六路，耳听八方，来的都是客，全凭嘴一张，是藏族人民的阿庆嫂。

雅安的茶一到康定，先入茶号的仓库，然后茶号就得找锅庄了。锅庄的相关人员呢，赶快去找藏商，他们此时的身份就是经纪人。

藏商们就在锅庄免费吃住、谈生意，连他们的骡马也一并免费喂养。客人的生意一旦谈成了，还是锅庄派人出面，把茶号里的茶包运到锅庄，再由锅庄里的缝包工重新包装茶包，以便马儿驮运。藏商们验过货，写好送货的目的地，马帮就可以起程了。

这时候锅主们才开始收取佣金，两边的商人都对这中间人满意。有的时候，买茶的茶商会向卖茶的茶号赊账，得找个担保人啊，那也是锅庄的事情。锅庄就兼起了钱庄的职责。

康定的锅庄，现在是没有了，真让人怀想啊。

遥想曾经的那个年代吧——马队过来了，在锅庄里住下了，最多几天就得走，但也够一对对男女萌发情愫。夜幕降临，星若粗盐，洒落在院落上空。人们坐在篝火旁，一边缝着茶包，一边喝着浓茶，马儿在马厩里悄悄地吃着夜草，暮色中的男人们坐在一起，借着火光，就着藏茶吃饭。女主人额上渗着细汗，手提一把茶壶，为他们添茶续水。她们微倾的身姿是何其动人啊，她们抛来的媚眼是何其迷人啊，她们劳动妇女特有的健康的笑容是何其令人遐想啊。一天中也就是这时候，有一点点的歇息时间吧。于是，男人们心旌摇荡，怀着露水般的思情，唱起了"跑马溜溜的山上，一朵溜溜的云哟……"

我从前总不太明白，张家的大哥爱上李家大姐的原因，是因为她"会当家"呢。后来，我才明白，当晚归时分或暮色降临时，他们坐在炉前喝茶，看着忙碌的女主人煮茶时映在墙上的绰约身影，恍惚中产生他乡为此乡、她家为我家的错觉，是并不奇怪的吧。也许，正是因为命里注定的流浪，才让这些明早就要赶马远行的汉子们唱出了渴望定居的男耕女织般的梦想吧。

也许当天夜里就会发生一些故事呢，这是一些命里注定美丽又绝望的故事，然后就是长长的告别和等待。谁知道呢，也许还有下一次的见面，也许就此永别了。不知道多少赶马送茶的张家大哥倒在古道边无人问津，不知道多少李家大姐把一夜浓情煮成了一杯命运的终生苦茶。

所以，再唱《康定情歌》，永远也不会有那种愉悦的心情了，那是跑马溜溜的山上一碗浓情的茶，那是悲怆凄美的茶人情歌。

我从雅安回来，带回了一些藏茶。我马上开始喝起了藏茶，一直喝到此刻，并且不停地在心中默念：扎西德勒！扎西德勒！中国的藏茶——扎西德勒！

漆雕秘閣

明太祖朱元璋像

∷精彩纷呈的冲沏
——另一个皇帝的茶功勋

中国明朝，有一个大茶人，名叫朱权，他曾经在他所著的《茶谱》中对茶作过这样一番评价："茶之为物助诗兴而云山顿色，可以伏睡魔而天地忘形，可以陪清谈而万象惊寒。"这个朱权，就是明朝开国皇帝朱元璋的第十七个儿子，被封为宁王。人说子随父相，朱权如此热爱茶，跟他父亲是分不开的。而这个明太祖朱元璋，和几百年前的宋徽宗赵佶，在茶事上，可谓各有千秋，我们在这里不妨做一番评功摆好。

茶界有一句行话，叫唐煮宋点明冲泡，说的是茶进入明代，面貌发生了历史性的演变，散茶开始成为茶的主旋律，我们今天普遍喝的冲泡的散茶，就是从那个时候开始的。若说这种喝法的由来，我们得从朱元璋说起。

我们已知，从三国开始到元、明之交，一千多年来的制茶方式，一直是以紧压茶作为制茶主旋律来遵循的。然而，在把茶蒸煮紧压烘干的同时，始终还有着一种并不算是主流的散茶品饮法。这在唐代就有记录，唐代诗人刘禹锡的《西山兰若试茶歌》中说："山僧后檐茶数丛，春来映竹抽新茸。宛然为客振衣起，自傍芳丛摘鹰觜。斯须炒成满室香，便酌砌下金沙水……"描述的正是从采摘到品饮的全部过程。

经过有宋一代至元，散茶煮饮这种方式渐渐被人们接受，这种茶的饮法与近代泡茶喝法很接近，先采嫩芽，去青气，然后煮饮。有人认为喝茶要连叶子一起吃进去，所以叶子要嫩。另有一种散茶的饮法，采茶后先焙干，然后磨细，称为末子茶，有些像日本现在的末茶。茗茶这种古老的吃茶方式也在民间流行，它类似于茶粥，三国时期便有，人们在茶中加入米、姜、橘子皮、胡桃、松实、芝麻、杏、栗等物共煮，连饮带嚼，颇受民间喜爱。

明初，中国茶史上有一件重要的大事发生。当时茶的贡焙仍因袭元制，直至明太祖洪武二十四年九月，朱元璋有感于茶农的重负和团饼贡茶的制作工序、品饮过程繁琐，罢进团茶，改进散茶，散茶的历史自此开始。当时有个名叫沈德符的文人，写了一部书叫《野获编补遗》，表明了同时代的百姓对朱元璋此举的赞许："上以重劳民力，罢造龙团，惟采芽茶以进……按茶加香物，捣为细饼，已失真味……今人惟取初萌之精者，汲泉置鼎，一瀹便啜，遂开千古品饮之宗。"

有史家认为，朱元璋之所以罢团茶而进散茶，就是因为看到团茶的奢侈给中国茶农带来了重负，欲以简便的散茶方式减轻茶农负担。但我们也由此看到技术的进步改变了饮茶方式，炒青制茶方式带来饮茶史上的革命性巨变。宫廷的风尚必然引领社会，上行下效，茶叶炒青技术自此普及全国，成为中国绿茶沿袭至今的主要制作方式。

明人冲饮法是以散茶冲泡，将制作好的茶叶放在茶壶或茶杯里冲进开水后直接饮用，"旋瀹旋啜"，称之为瀹茶法。其冲泡和品饮，与文人超凡脱俗的生活及闲散雅致的情趣是吻合的。茶饮方面的最大成就是"功夫茶艺"的完善，这是一种原来流行于福建、广东等地的品饮茶方式，是一种融精神、礼仪、沏泡技艺、巡茶艺术、品评质量为一体的完整的茶文化形式，发展至今，成为中国人品茶的重要方式之一。

冲泡法一举数得，一是减轻了茶农为造团茶所付出的繁重劳役之苦，二是增加了茶事的新趣味和新工艺，三是简化和改变了饮茶方式，四是使茶器茶具发生了根本变化。

明朝初年的茶政是非常严厉的，彼时华夏的西蕃地区并不产茶，但青藏高原少数民族同胞又"宁可三日无粮，不可一日无茶"，所以说控制了茶叶就在一定程度上制约了这一地区。明朝由此把茶叶作为战略物资，实施了严厉的边茶制度。朱元璋亲自发布了禁茶令，禁止茶叶私自出关。为此还大义灭亲，亲自下令把犯了茶禁的女婿给杀了。这可算得上是明朝茶叶史上的一件大事，值得我们在此回顾一番。

其实犯了国家茶法，唐朝就有判死刑的。唐时贩私茶三次，总数达三百斤，即处死刑，如果是有组织和武装的贩卖私茶，哪怕茶的数量很少，也要杀头。国外也是这样，英国人对茶叶走私者的处置也是非常严厉的，吊死，淹死，什么招都有。但人家不是皇帝女婿啊，中国人向来就有"刑不上大夫"之说，这个农民出身的皇帝朱元璋杀婿，的确非同一般。《明史·列传·九》，将这个故事记载了下来：

> 安庆公主，宁国公主同母妹。洪武十四年下嫁欧阳伦。伦颇不法。洪武末，茶禁方严，数遣私人贩茶出境，所至驿骚，虽大吏不敢问。有家奴周保者尤横，辄呼有司科民车至数十辆。过河桥巡检司，擅捶辱司吏。吏不堪，以闻。帝大怒，赐伦死，保等皆伏诛。

这里说的是明太祖洪武十四年（1381 年），进士欧阳伦娶了朱元璋的女儿安庆公主，他自己也官至都尉。洪武三十年（1397 年），也就是朱元璋罢进团茶之诏下达七年之后，欧阳伦奉使来到了川陕一带。川陕地处丝绸之路，西北与中原地区在此开展的茶马互市交易一直较活跃，且有效地解决了西北地区缺少茶叶和中原一带缺少战马的问题，利润十分丰厚。因而，尽管明太祖明令禁止走私贩茶，仍然有一些重利忘法的商贩违背禁令，到兰州一带私贩茶叶。而这个欧阳伦眼见着川茶私运出境销售，可赚大钱，便利令智昏起来，自恃皇亲国戚，多次遣手下人走私茶叶出境，从中牟取暴利。陕西布政司官员不敢过问，而家奴周保更是狗仗人势，蛮横霸道，随意调用公私马车达数十辆。有一次在蓝田县过河，被税吏逮了个正着。他不但不认罪认罚，还殴打并侮辱了河桥司税吏。面对驸马，上面的大官要员只敢忍气吞声，倒是那小税吏舍得一身剐，敢把驸马拉下马，向朝廷告了御状。没想到状纸真的就到了欧阳伦的岳父大人也就是当朝皇帝朱元璋手中。驸马爷这一行为主要威胁到了朱元璋的国防战略，朱元璋龙颜大怒，痛下杀手，立刻下令赐死欧阳伦，同时诛杀周保等悍仆。那年欧阳伦才三十九岁。

朱元璋杀这个女婿，非同小可，因为他和他的结发妻子马皇后，总共就生了两个女儿，其中一个就是安庆公主。民间有许多关于马皇后的传说，认为朱元璋的天下，一半是靠这个贤惠的皇后支持下来的。所以马皇后五十一岁死后，朱元璋没有再册立皇后。如今女婿才三十九岁，女儿肯定更年轻，就要让她守寡，而他的皇外孙、皇外孙女从此没有了父亲，这是一件多么残忍的事情。

可犯了国法，没办法，该杀就得杀。朱元璋此举似乎对应了两个法治命题：一是法律面前人人平等，王子犯法与庶民同罪；二是治贪先治至亲者。此举彰显了朱元璋以苛法治国的决心。

略通中国历史的人们大都知道，朱元璋是一个治国治吏极严的皇帝，他对待贪腐的态度就是苛法酷刑。明初朱元璋就钦定了一部刑事法典《大诰》。按说一部刑法对于社会大众而言，其意义远不如民法来得更直接，但《大诰》的地位在当时实属古今罕见。学校要教，科举要考，家家户户要收藏。朱元璋来自社会最底层，他最了解什么是官逼民反。他曾说过："昔在民间时，见州县官吏多不恤民，往往贪财好色，饮酒废事，凡民间疾苦，视之漠然，心实怒之。"这一思想在《大诰》中体现得最为充分，其条目百分之八十以上都与官员犯罪有关，其中涉及贪贿的罪案占到全部罪案的一半左右，而量刑上则以严酷为特征，有些刑种光是听听就毛骨悚然，如凌迟、枭首、挑筋、剥皮实革等。他赐死驸马，还留个全尸，还算是网开一面了。

明朝的茶事发展得极快，我们必须承认，这和明朝初年朱元璋颁布的一系列茶叶法律制度有关。六大茶类基本都是那个时代成型的，除绿茶之外，花茶制作的技术亦是在那个时代开始成熟的。这种从宋代就开始被人实验的茶，历经数百年之后，终于在清代得以普及。北方人管花茶叫香片，以为它不但香气袭人，口感有韵致，还有着很好的药理功能。其中茉莉花茶得到了普遍的认可，人们认为此茶有理气开郁、辟秽和中之功效，对痢疾、腹痛、结膜炎及疮毒等，都具有很好的消炎解毒作用。

与此同时，红茶、乌龙茶也相继诞生，现代六大茶类至此全部形成——其中绿茶为不发酵茶，黄茶为轻发酵茶，黑茶为后发酵茶，白茶为微发酵茶，青茶（乌龙茶）为半发酵茶，红茶为全发酵茶。各类名优茶有数百种之多。

茶事在明代，完成了一个重要的更新与转型，凝聚着复杂多变的社会动荡与更替元素。而由此带来的时代意绪，包括新生与消亡、兴奋与悲凉、收获与失去、振作与无奈，都在一片小小的茶叶上得到了呈现。可以说，明代茶事是一个内涵丰富、令人感慨万千的茶之重要单元。

危而不持顛而不扶則吾
斯之未能信以其彈挑熱
之患無圯堂之覆故宜輔
以寶文而親近君子

壹伍

扶桑之国的茶汤

—— 日本茶道中的禅语

公元 815 年，在中国，是唐朝的宪宗当政，而在日本则是平安朝的嵯峨天皇临朝了。那一年的闰七月二十八日，一位曾到中国留学两年、学成归去的僧人空海，给天皇上了一份《空海奉献表》，其中说到"茶汤坐来，乍阅振旦之书"。这便是日本人最早的饮茶记录了。

作为中国人的我，之所以要在这里专门叙述日本茶道，乃是因为日本茶道的确与中国之茶学有着儿女与母亲般的血缘关系。

应该告诉大家，就在空海录茶之前的十年，已经有一位名叫最澄的高僧，从中国带去了茶籽，种在了日吉神社旁边，这便是日本最早的茶园了。这两位大法师，前者创立了真言宗，后者创立了天台宗。他们和皇帝的关系都很好，他们之间，从前的关系也是极好的，且一同去了中国学佛。最澄还和他的弟子泰范，一起拜了空海为师。谁知这么一来二往的，那泰范干脆不要了自己的师父，跑到空海那里去了。

最澄怎么办呢？他想到了茶，一口气给从前的徒弟寄了十斤，想以此

最澄像

唤回那颗远去了的心。然而没有用，因为空海也有茶。

必须再说清楚，即便是这两位大法师，他们也不是日本历史上最早与茶接触的人，真正写下了日本饮茶史上第一页的，是一位名叫永忠的高僧。他在中国生活了三十年，说起来，和中国的"茶圣"陆羽还是同时代人。这个幸运的日本人在中国的寺院中大品其茶时，中国文人刚刚开始了他们那手捧茶经、坐以论道的茶的黄金时代。

日本僧人永忠回国之后，在自己的寺院中接待了天皇嵯峨。他双手捧上的，便是一碗从东土而来的煎茶。自此，平安朝的茶烟，便开始弥漫起高玄神秘的唐文化神韵。大和民族的诗人们吟哦着：萧然幽兴处，院里满茶烟。

在那个时代，日本这个岛国的人民，以一种前所未有的心态崇唐迷汉，从中国大陆进来的一切东西，都让他们心醉神迷，而那相当稀罕的茶，一时成为了风雅之物。

自然，在当时，茶是和日本的贵族联系在一起的，民众远未到登场之际。而伴随着茶之意象的，则是一幅幅奇幽的画面——高峰、高僧、残雪、绿茗，正是这些画面，形成了弘仁茶风，也为日本茶道的确立提供了前提。

平安末期至镰仓初期，相当于中国的宋王朝时期吧，日本文化开始了它的独立与反刍消化时期。1187 年，有一个四十六岁的日本僧人，名唤荣西，第二次留学中国，在天台山潜心佛学。他五十岁那年回国的时候，便在登陆后的第一站九州平户岛的高春院，撒下了茶籽。

到了 1214 年，镰仓幕府的第三代将军实朝病了，荣西献上了茶一盏，

荣西禅师

茶书一本，题曰《吃茶养生记》。将军喝了茶，看了茶书，病也就好了。从此，荣西被奉为了"日本的陆羽"，成为日本茶道史上里程碑式的人物。

当时的寺院，有定期的大茶会，茶会上有的茶碗大得很，一只茶碗可供十五个人喝。不过，即便是在那个时代，平民百姓还是喝不到茶的，他们对茶的态度，也可说是敬而远之的。

就这样，斗转星移，朝代更替，足利氏取代了镰仓幕府的政权，开始了室町时代。在中国，这已经是元代与明朝的纪元了。大约就在这个时代，中国宋代的斗茶习俗，传到了当时的日本。武士斗茶，成为当时吃喝玩乐时的重要内容。

奢侈的时代，也有独断专行的高士。这一位高士，竟然是一名最高的统治者——室町时代的第三代将军足利义满（1356—1417）。在他三十八周岁的那一年，他把王位让给了儿子，自己在京都的北边修建了金阁寺。北山文化就这样兴起，武士的斗茶也开始向书院茶过渡了。

径山是日本茶道文化的发祥地

　　九十多年之后的 1489 年，王朝由第八代的将军义政（1436—1490）执掌，他也仿效起他的先人来，隐居到了京都的东山，修建了银阁寺。于是，区别于北山文化的东山文化，就此展开了。

　　我在这里，要向读者专门提及一位日本杰出的艺术家能阿弥。作为义政的文化侍从，他通晓书、画、茶，还负责保管将军收集的文物。也正是这位能阿弥，发明了日本式的点茶法。在这种茶事活动中，茶人要穿上武士的礼服狩衣，布置好茶台、点茶用具。那时，茶具位置、拿法、摆放顺序及相关动作，都有了严格的规范。可以这么说，今日日本茶道的一些基本的程序，已经在这位文化侍从的手中，基本形成了。

　　让我们来想象那一年的深秋吧。将军义政眺望天空，耳听秋虫悲鸣，不由伤感，遂对能阿弥说：唉，世上的故事，我都听说过了，自古以来的雅事，我也都试过了。如今我这衰老的身体，也不可能再去雪山打猎，能阿弥啊，我还能做些什么呢？

　　能阿弥就这样回答他的主人：从茶炉发出的声响中去想象松涛的轰鸣，再摆弄茶具点茶，实在是一件有趣的事情。听说最近奈良称名寺的珠光很有名望，他致力于茶道三十九年，对大唐传来的孔子儒学，也是颇为精通，将军不妨把他请来吧。

一位茶道史上的重要人物，也许就在这一席谈话之后，登上了历史的舞台，村田珠光（1423—1502）由此成为将军义政的茶道老师。书院贵族茶和奈良的庶民茶交融在了一起，日本茶道的开山之祖，就此诞生了。

村田珠光出生的那个时代，恰恰在室町时代的末期，相当于中国的明代吧。正是在这样一个时期，日本出现了由老百姓自己来主办的茶会，人们把这种茶会称之为"云脚会"。在这样的一种茶会上，各种身份的人们都可以聚集在一起，在河边、大厨房、小客厅，喝酒、下棋、品茶，十分热闹。按我们中国人的形容，应该称之为下里巴人的饮茶了。

这种下里巴人的聚会中，奈良的淋汗茶会，是最引人注目的。所谓淋汗，也就是在夏天洗澡的意思。奈良有一个古市家族，经常进行这样的活动。他们专门为这样的茶会烧了洗澡水，然后请浩浩荡荡的洗澡大军来入浴，洗完了澡，便喝茶，同时还可以享用瓜果，大家又是唱又是跳又是笑的，十分开心。

这古市家族中有两兄弟，一个叫澄荣，一个叫澄胤，都是奈良著名的茶人。他们的师长，便是那个大名鼎鼎的村田珠光。

珠光也是僧人出身，十一岁时便入寺做了和尚，想来也是有过年少气盛的时光，竟被赶出了寺门。十九岁时，他才有了一个好机会，进了京都的一休庵，跟着一休参禅，并得到了一休赠予的宋代禅僧圆悟的墨迹。这件墨宝，便成为茶禅结合的最初标志，是茶道界最高的圣物。从此以后，珠光把它挂在了茶室的壁龛里，进来的人全都要向它顶礼膜拜，以示对茶禅一味的追随。

然后，珠光在京都建立了著名的珠光庵，以禅宗那种本无一物的心境点茶饮茶，由此形成了独特的草庵茶风。他得到了最高统治者的青睐以后，在义政将军的关照下，成为了一名大茶人。晚年他又回到了奈良，收了许多门徒。临终时，他说，日后举行我的法事，请挂起圆悟的墨迹，再拿出小茶罐，点一碗茶吧。

村田珠光曾经留下过许多至理名言。比如他就曾经说过：没有一点云彩遮住的月亮，是没有趣味的。他还说过：草屋前系名马，陋室中设名器，别有一番风趣。正是这个叫珠光的人，通过禅的思想，把茶道上升为了一种艺术、一种哲学、一种宗教。我们可以看到，恰恰是在那个时代，以庶民为主体的乡土文化，战胜了以东山为代表的贵族文化。

珠光逝世的那一年，又一位大茶人武野绍鸥出生了，按照我们中国人对佛教轮回的理解，想必是有神秘的天意在其中吧。

绍鸥是堺市人。这个地方靠海，城市便很繁华。而他的父亲，又是一个富有的皮革商，他便有着比较充裕的时间来从事他的艺术活动。二十四岁那一年，绍鸥先到京都，跟着一个名叫三条西实隆的艺术家学习和歌，同时，又跟着珠光的几位弟子学习茶道。直到三十三岁那年，他还是以一位连歌者的身份生活在京都的。那时的绍鸥，称得上是一位潇洒之人了。

三十六岁的那一年，绍鸥回到了故乡，又过了一年，他收下了小他二十岁的千利休为徒。就这样，绍鸥浪漫自在的连歌生涯结束了，他转而以一名严谨的茶人和商人的身份出现在人们的面前。四十岁那一年，他获得了"一闲"居士号，他的茶道生涯，便也由此进入了黄金时代。

绍鸥的特殊贡献，在于他能够把歌中的道理用于茶道，由此开创了新的天地。把和歌裱褙起来，代替了茶室的挂轴，使日本的茶道呈现民族化，便是绍鸥的创制之举。

必须告诉大家，第一幅被挂出来的和歌，便是唐代留学中国的安倍仲麻吕之思乡诗：翘首望东天，神驰奈良边。三笠山顶上，想又皎月圆。

在这里，绍鸥对珠光的茶道进行了改革和发展。素雅的风格被引进了茶道，高雅的文化生活开始回归到日常的生活中去。我们或许能从绍鸥对茶会的态度中领略到一些什么吧。有一次，茶会正赶上大雪天。绍鸥便打破了常规，壁龛上空空如也，只在客人们的面前，用他心爱的青瓷石钵，盛上了一钵清水。

绍鸥没有完全进入日本历史上的那个动荡年代。16世纪中叶，在日本，恰恰是一个激烈的战国时代。那时，群雄争战，以下犯上，风潮四起，对那些生死无常的武士而言，宁静的茶室，应该算得上是一个灵魂的避难所了。同时，他们也把争战的因素，带进了茶之世界。茶具在商人的手中，可以有连城之价。争夺一只茶碗，也可以成为一场战争的起因。正是在这样的一个时代，武野绍鸥去世，千利休则继之而起。

同样是堺市人的千利休（1522—1592），也同样出身于一个商人之家。自拜绍鸥为师之后，也继承了珠光以来的茶人参禅的传统。二十四岁之时，他已经获得了"宗易"道号，后来，做了将军织田信长的茶头。织田信长死后，他转到了丰臣秀吉的手下，又成了丰臣秀吉的茶头。

秀吉与千利休，是我们后世茶人可以探究的命题。他们在永恒中对视，在永恒中相互依存，在永恒中相互对立。

出身平民的秀吉，渴望得到天皇的承认，而身为傀儡的天皇，也不可能不承认用武力统一了天下的武士的地位。为了庆贺这样的承认，秀吉举行了宫内茶会，先由秀吉为天皇点茶，再由千利休为天皇点茶。

1587年，在此次由千利休主持的茶席上，秀吉在壁龛上挂出了中国元代山水画《远寺晚钟》。大朵的白菊，插在古铜的花瓶之中，而茶盒，则是天下扬名的"新田"和"初花"，茶罐取名为"松花"，价值四千万石大米。

六十三岁的千利休在这一生中最高级别的茶会上，获得了巨大的荣誉。两年之后，权力与茶道再一次结合。那一年，秀吉平定了西南、东南和东北的各路诸侯，便决定在京都的北野，举行举世无双的大茶会。千利休责无旁贷地承担了此次茶会的负责工作，而丰臣秀吉则发表了一个布告。布告将丰臣秀吉既专横又豁达、既炫耀自己又体恤民众、既向往风雅高洁骨子里又是赳赳武夫的形象特质展现得淋漓尽致。

1589 年 10 月 1 日，北野神社正殿的中间，放置了秀吉用黄金做成的组合式的茶室。一壁的金子，金房顶、金墙壁、金茶具，窗户用红纱遮挡。这套黄金茶室，可说是秀吉独一无二的创举——他在天皇面前炫耀过，搬到九州炫耀过，在中国明朝的使节面前炫耀过。也许，这次的北野大茶会，也正是为了在老百姓面前再炫耀一次吧。

陪着炫耀展示的是中国画家玉涧的《青枫》和《潇湘八景》，看来，秀吉是特别地青睐玉涧了。

盛况空前的北野茶会，有八百多个茶席，不问地位高低，不问有无茶具，强调热爱风雅之心，推动了日本茶道的普及。

正是千利休，使茶道的精神世界一举摆脱了物质因素的束缚，清算了拜物主义风气。他说：家以不漏雨，饭以不饿肚为足，此佛之教诲，茶道之本意。

正是千利休，将茶道还原到其本来面目。他说：须知茶道之本不过是烧水煮茶。

当弟子们问到千利休什么是茶道的秘诀时，他说：夏天如何使茶室凉爽，冬天如何使茶室暖和，炭要放得利于烧水，茶要点得可口，这就是茶道的秘诀。

这位主张人性的大茶人，把他的茶庵布置得极小，二三主客只能促膝而坐，却要以此达到以心传心的作用。

千利休的茶具也充满了他的个性，渗透着他的人生理想。从前从中国传来的天目茶盏青瓷碗，过于华丽，表现不了他的茶境。他便开始另辟蹊径，使用朝鲜半岛上传来的庶民们用来吃饭的饭碗——高丽茶碗，该茶碗以手工制成、形状不匀称、呈黑色、无花纹为最上等。

从本质上来说，秀吉是无法理解千利休的，这种不理解，逐渐地便恶化为不能容忍。用鱼篓子做成花瓶，用高丽碗做成茶具，怎么能被喜欢黄金茶室的秀吉接受？从六十岁到七十岁，千利休侍奉了秀吉整整十年。这整整十年间，千利休的内心究竟发生了一些什么样的变化呢？弟子接踵而来，天下无人不晓，君王手中的剑，僧人杯中的茶，他们之间潜在的内心冲突，究竟在怎样地厮杀着呢？

残酷的事件看来已经无法避免，古稀之年的千利休，终于被秀吉下令剖腹自杀。

1592 年 2 月 28 日，千利休在三百名武士的守护之下杀身成仁。那一日，电闪雷鸣，大雨倾盆，临终前的千利休留下遗言说：人世七十，力因希咄，吾之宝剑，祖佛共杀。

千利休，可以说是世界茶道史上第一个杀生成仁者，从那以后，日本茶道从未中断过它们的发展历史。在千利休的后代中，逐渐形成了里千家、表千家和小路千家。发展至今，日本茶道流派林立，展现了东方文化特有的风采，在世界茶文化史的长河中，绽放出了自己最独特的精神奇葩。

陶寶文

壹陆

你既吃了我家的茶

—— 婚嫁中的茶

这个标题，来自中国经典文学著作《红楼梦》。《红楼梦》中，凤姐曾对林妹妹说：你既吃了我家的茶，怎么不给我家做媳妇呢？茶人们，每每研究茶与婚俗的关系，此一例便为经典段子，是一定要拿来旁征博引的。

茶与婚姻关系的对应，究竟何以形成的？两者之间的象征观照，又是从什么时候开始的？对我来说，这些都是愉快的谜。我们可以说，饮食男女，此人间第一事。而在这第一要事之中，柴米油盐酱醋茶，茶是开门七件事之中的第七件，那是万万少不得的。婚礼中把这些要紧的事情都带上，也是人生的一种态度。

也许会有人问：为什么不带上那前面的六件事呢？比如，干脆不要以茶为媒，就以醋为媒吧。

大概没有一个中国人会喜欢用醋来作为男女之间婚姻与爱情的红娘，尤其是男人们。因此，茶被选为情感尤其是恋情的媒介，是有着它自身的美好原因的。

　　中国人一般都认为，茶是一种极为清洁、极为纯洁的植物。以茶来形容人的纯洁尤其是女孩子的纯洁，是非常到位的。当我们说一个姑娘纯洁的时候，我们会说她就像一片茶的叶子那样无邪。中国古代，少女可以被称为茶茶、小茶。你自然很难说出一片茶叶的无邪究竟是怎么样的无邪，但是你能感觉得到，这是只可意会不可言传的。而男女之间的美好和谐，从本质上说，要的就是这一份不可言传呢。

　　下层劳动女性朴素而强烈的情感表达，往往通过各种茶谣来表达。茶谣属于民谣、民歌，是中华民族在茶事活动中对生产生活的直接感受。茶谣不但记录了茶事的各个方面，自身也构成了茶文化的重要内容。其形式简短，通俗易唱，寓意颇为深刻。女性们在茶谣的创作和流传中，起到了极为重要的作用，茶谣中有大量的情歌。青年男女茶农在劳动时产生了爱情，往往用茶谣表示，茶谣成了他们倾诉衷肠的途径。比如《安徽茶谣》中的情歌唱道："四月里来开茶芽，年轻姐姐满山爬。那里来个小伙子，脸儿俏，嗓音好，唱出歌儿顺风飘，唱得姐姐心卜卜跳。"湖南的《古丈茶歌》生动地描述了约会的心情："阿妹采茶上山坡，思念情郎妹的哥；昨夜约好茶园会，等得阿妹心冒火。昨夜炒茶摸黑路，迟来一步莫骂奴；阿妹若肯嫁与哥，哪有这般相思苦。"河南的茶谣火辣辣："想郎浑身散了架，咬着茶叶咬牙骂，人要死了有魂在，真魂来我床底下，想急了我跟魂说话。"四川的《太阳出来照红崖》与河南茶谣也有得一拼："太阳出来照红岩，情妹给我送茶来。红茶绿茶都不爱，只爱情妹好人才。喝口香茶拉妹手！巴心巴肝难分开。在生之时同路耍，死了也要同棺材。"

　　至于茶的专一，也就是茶的本性不移，那又是和婚姻和爱情的本质十分相关的。据说茶有着这样一种特性，那就是它一旦落地生根，便在这个方寸之地扎下根来。从此，再也不能移动了。也可以说，茶是一种很认死理的植物，一旦移植到别的地方去，它就是要死的呢。但是，这一份专一和不移，又似乎是特别为女性感同身受的。

如果把茶形容为一个女子，这女子，便可以说是一个烈女子，是要立贞节牌坊的。这也是很符合中国传统对女子的要求的，老话说：嫁鸡随鸡，嫁狗随狗，嫁个扁担抱着走嘛。

当然，我在这里绝没有嘲笑这一种不移精神的意思。相反，在这个多变的眼花缭乱的世界上，茶的这种忠贞不移的精神，被披上了一层唐吉诃德式的勇敢、可笑而又可敬的一意孤行的外衣。茶是这个世界上憧憬古典爱情的男人们和女人们的知音。

现在要说到多子多福了。在这样一个以能在地球上永久生活下去为人生最大幸福的国度里，长寿，多子，是一个何其重大的诉求。而一个女子，嫁到男方，能为这一姓氏的家族生下多少儿子和女儿——当然，只要有儿子，没有女儿无所谓——是多么重大的事情。换句话说，这就是天大的历史使命。在传统的道德规范中，女子无子，是可以当作罪孽而被休掉的。如果生下的只是女儿，那么，丈夫无论要娶多少小老婆，都被社会所承认，你这明媒正娶的正房，再吃醋也白搭。

因此，请想一想以往那些嫁了却似未嫁的女孩子吧，她们，不正是在地狱和天堂之间徘徊吗？

此时，又靠什么来慰藉这些惴惴不安的弱小灵魂呢，除了祈祷，还有什么来抚慰她们呢？默默无闻的茶，就这样来到了她们的身旁。

茶是长寿的。茶在蓬蓬勃勃地生长了三十年之后，终于露出了它的老态。没关系，它被齐根截去的目的，仅仅是为了能够使它再一次凤凰涅槃。在一部中国茶叶文明史上，我可以找出太多的长生不老茶。在遥远的古巴蜀蒙山之顶，有着七株神秘的仙茶，关于它的民谣，传诵至今：仙茶七株，不生不灭，服之四两，立地成仙。在我的家乡杭州西郊的山中，有着十八株御茶，据说还是乾隆皇帝下江南时亲手种下的，直到今天依然郁郁葱葱地生长在那里。你想，这长生不老的茶，春天一头绿色，夏天一头绿色，秋天一头绿色，直到秋末，又是满头披挂着白花。小小的茶花，很是耐看，很是清香，茶花之后，便是儿女满堂的冬天了。旧中国的传统女子，哪一个若是有着茶的福气，多子多福，哪一个，就是最幸福的女人啊。

只是茶的这一个美好象征，我们今天的人们是不可仿效的了。今天的中国基本国策已经是计划生育，而不是多子多福了。

茶在中国人的婚姻关系中，显然是更偏重于针对女性的。江南历来就有下茶这一说。所谓下茶，当是订婚的意思。哪个女孩子喝了男方家中送来的茶，她的终身大事，也就这样一锤子定音了。所以凤姐才有"你既吃了我家的茶，怎么不给我家做媳妇"这一说。

下茶似乎也只可能是男方针对女方的，我还没有听说过女方给男方下的茶呢，不知是不是孤陋寡闻。

茶，在什么样的情况之下，才会成为女人们主动的感情象征呢？

我曾听说过一个非常有趣的民俗，说的是云南边陲有一支少数民族，他们的婚姻习俗中有一条规定，如果男方把茶送到了女方的家中而女方的父母也已经收下，那么，这个女孩子便算是男方的人了。如果这个女孩子不愿意，那么，还有华山一条道可走，她可以铤而走险，把茶送回男方的家中去。只要她能够做到不被男方的家人们抓住，那么她的这个小小的妇女解放运动，便算是大功告成了。如果不幸被人当场拿下，那么她就得没有二话地当场做了新娘。你想，这是一场多么惊心动魄的较量啊，天堂和地狱，仅仅一步之遥。这个女孩子，要有着怎样的智慧和勇气啊，又有多少女人在这样的较量中获胜了呢？

今天，下茶的习俗在都市里应该已经是一道逝去的风景线了，至于喝了谁家的茶就成了谁家的人，这一种古老的习俗，更不再被人遵循了。如今新潮的女孩子，莫要说是喝你家的茶，就是把你家的存款用光也可以来做你家的人。然而，纯洁的姑娘们啊，如果一个小伙子毫无来由地一再请你喝茶，你还是应该明白，他不是请你喝茶，他是在袒露他的爱情啊。要知道，下茶的习俗虽然已经隐退了，但下茶所包含的隐喻却永远地将在茶中显现。一旦有了那青春的激情来充当沸水，这永恒的主题之花就将开放。

因此，以一种最真诚的态度来面对关于喝茶的邀请吧。你可以不去，你也可以去，而你无论去还是不去，你都已经喝到了人生的一杯美妙之茶了。

现在，我也要告诉你们了——纯洁的姑娘们，我之所以这样说，乃是因为我曾经喝到过这样的美妙之茶啊……

出河濱而無苦窳經緯之
象剖柔之理炳其綢中虛
已待物不飾外貌位高秘
閣宜無愧焉

∵陈曼生和他的壶

——曼生壶如是说

　　江山代有才人出，各领风骚数百年。茶之风骚行到明清之际，陈曼生算得上个中翘楚。

　　说陈曼生，其实是说曼生壶，而说曼生壶，就得从紫砂壶说起。一般认为，明代进士吴颐山的书童供春为制作紫砂壶第一人，"供春之壶，胜如金玉"，供春制品被世人称为"供春壶"。而后来相继出现的制壶大师，有明万历年间"四大名家"董翰、赵梁、元畅、时朋第，"三大妙手"时大彬、李仲芳、徐友泉，有清代陈鸣远、杨彭年、杨凤年兄妹和邵大亨、黄玉麟、程寿珍、俞国良等国手，有当代顾景舟、朱可心、蒋蓉等一代大师……

　　众多名家中，嘉庆年间的杨彭年兄妹制壶别出心裁，令世人刮目。杨彭年的制品雅致玲珑，不用模子，随手捏成，天衣无缝，被时人推为"当世杰作"。虽然如此，有清一代制壶大师辈出，杨彭年单枪匹马，即便加上一个紫砂巾帼杨凤年，在风生水起的紫砂美器创意时代，也不见得就能

明时大彬僧帽壶

明时大彬如意壶

够"会当临绝顶，一览众山小"。众所周知，彭年兄妹在紫砂世界的地位，与另一个不曾亲手制作紫砂壶的人休戚相关，此人便是大名鼎鼎的"西泠八家"之一陈曼生（1768—1822）。

论社会地位，陈曼生实际上就是个七品芝麻官，嘉庆二十一年他曾在江苏溧阳当知县，但人们似乎并没有记住他的为官政绩，而他却因其业余活动——创制紫砂壶而流芳千古。这恰恰应了某句格言：看一个人是什么样的人，要看他在八小时之外究竟做些什么事情。

正因为有了名士陈曼生与名匠杨彭年兄妹的强强联手，世上才有了承载人类万丈雄心的曼生壶。

说起来陈曼生也算是出身于书香门第，祖父鲁斋先生，乾隆年间以博学鸿词入词馆，后来当了江西瑞安知府。因为为政清廉，死在知府任上，几乎没有钱归葬。鲁斋的长子名叫陈京，他便是陈曼生的父亲。鲁斋死时陈京年方十二，少年失怙，奉母食贫，遍诵经史百氏之言，旁及篆籀金石，莫不研究。陈京显然是想走其父亲的道路，靠读书走仕途的，然而运气不好，屡试未中，只好走南闯北，在各个官衙之中充当幕僚师爷，一度还弃

明大圆提壶

文从商，跟着他的妻弟许君跑到云南一带去开采铜矿。谁知妻弟许氏猝死，"失铜价三千金，孤悬八千里，势且不返"。陈氏家道中落，应当是从这个时候开始的。陈曼生曾有诗句"家贫聚散逼人来"，指的正是青少年时家境遭遇变故的事情。陈京晚年回到老家，以课孙为娱，作书画自遣，卒年五十八岁。那年陈曼生三十八岁。

陈曼生走的也是他父亲的老路，他和他的从弟陈文述相从甚密，两人"同客京师，同官江左，前后三十年"，早年还一起同佐阮元幕府。阮元这个人很有意思，他是清代著名的大官僚，乾隆五十四年（1789年）进士，官至体仁阁大学士，又做过浙江学政和巡抚。他又是清代著名的大学者，工隶书，在金石考据、经学、数学方面都有造诣，是个才通六艺的一代经师。陈曼生的诗书画印诸艺，本有家学传承，更与阮元熏陶教益有关。当时，金石篆刻等具有文人气息的艺术形式颇为流行，印坛逐渐呈现出一派繁荣的气象，其中由丁敬、蒋仁、黄易、奚冈、陈豫钟、陈曼生、赵之琛、钱松八人组成的西泠八家，就是最有影响的篆刻群体。身为八大家重要成员的陈曼生，其仕途的进取，凭借的正是他本人的才学与师友的提携。

明徐友泉三足壶

　　钱塘本为茶乡，品茶又为文人第一件人间好事，陈曼生浸润其间，自然深知其中三昧，后人还为之演绎出一段传说。说的是曼生满周岁时，家人将书、铜钱、算盘、毛笔等众多物品摆放在一张大桌上让其抓周，可小曼生对于身旁诸物无动于衷，径直抱住了一把老茶壶，因"壶"在杭州人嘴里即"福"之谐音，众人皆大欢喜。此说似乎并不可真信，但杭州茶铺林立，作为文人，陈曼生对紫砂壶早就情有独钟，那是说得通的。彼时，中国的品茗方式，早已从唐代的煮饮、宋代的点品，发展到了明代的散茶冲沏，紫砂壶仿佛就是为这种冲沏方式而生的。因此，陈曼生一出生就抓紫砂壶，逻辑上完全成立。

　　嘉庆六年（1801年），陈曼生应科举拔贡，嘉庆十一年（1806年）在毗邻宜兴的溧阳当了知县，还带了他的一大批亲朋共事。现在知道的，有高日浚与改琦、汪鸿、沈容、郭麐等人。一个寒窗苦熬的文人，终于坐了县太爷的交椅，正可以有条件浸润到文化生活之中。陈曼生带着他的那群文人亲友时相聚饮，吟诗、作画、刻印，自己则做了一时的盟主。一天，他们发现陈曼生斋厅西侧长了一株连理桑，众人皆认为此乃大吉之兆，陈曼生则由这株桑树联想到白居易的"在天愿作比翼鸟，在地愿为连理枝"，

清陈鸣远南瓜壶

乃改其斋为"桑连理馆"。这伙文人雅士就在这桑连理馆中品茗论道、钻研壶艺，不亦乐乎。

身为东南佛国的杭州人氏，陈曼生笃信佛教，在他的书斋中设置了一间大居室，室中悬一巨幅南无阿弥陀佛之墨宝。众人都知道他酷爱紫砂壶，平日赏壶、玩壶乃至日后设计壶式亦均出于喜好。有一日，他的好朋友邵二泉在此赏壶，一时兴起，建议他说：曼生兄既爱佛又爱壶，为什么不干脆就以"阿曼陀室"来做此室之名呢？阿曼陀室，既有阿弥陀佛的意思，又有曼生的曼字，是两者的结合。"阿曼陀室"从此诞生，成为曼生壶底那必不可少的壶文钤印，成为陈曼生留与后人的文化标识。

陈曼生与曼生壶之间，有着什么样的关系呢？

评价一套茶具，本来首先应考虑它的实用价值。茶具只有具备了比例恰当的容积和重量、提用方便的壶把、周围合缝的壶盖、出水流畅的壶嘴、脱俗和谐的质地与图案，兼具美观和实用，才能算得上完美。

但在陈曼生和他的同道看来，紫砂壶仅仅具有功能的作用和简单意义上的美观，那便称不上是艺术的载体。既然那壶中所蓄之茶，早已不仅仅

清杨彭年中石瓢壶

只为解渴，更具备了精神的滋润，那盛茶的器皿，自然在此理念统领之下登堂入室，在艺术的殿堂安身立命了。壶形是否脱俗，壶铭、书法、印章、刻工刀法是否充满文人雅趣，都成为欣赏紫砂壶的要义。明清一代的士子，是有其独特的审美意趣的，他们在审美意蕴上主张平淡、闲雅、端庄、稳重、自然、质朴、收敛、静穆、温和、苍老、古朴……总之，内心世界够丰富了，眼前的物质世界可以反其道而行之。显然，紫砂壶便成了这些意绪的载体。

在陈曼生之前，亦有人在紫砂壶的形制上做过种种审美的努力，亦有人在壶身上镌刻诗词格言。但将诗、书、画、印同时集中在精心创制的壶身之上，则恰是从陈曼生开始的。说白了，陈曼生就是将紫砂壶作了立体的紫泥宣纸，来倾注中国文人画的意蕴。而且，比之于常规的文人画，陈曼生等人还做了一件创造性的事情，每一份立体的紫砂宣纸都是根据内容而特制的，因此，每一份紫砂宣纸也都是独一无二的。

紫砂的造型能力特别强，因为从泥而来，上手并不难，做好却极不易。这样，就往往形成了文人动口动脑、工匠动手的强强联手合作。如此，陈曼生与杨彭年兄妹就形成了天作之合。名士名工，相得益彰，可以说中国

清陈荫千竹节提梁壶

历史上，没有哪一个群体的工匠得到了如紫砂界那般崇高的地位。同样，也没有哪个领域如紫砂界一般推崇和实现了文人的创意。"人类了解现在、过去与未来的万丈雄心"，再好不过地在紫砂壶上体现出来了。

传世"曼生壶"，无论是诗，是文，或是金石、砖瓦文字，均镌刻在壶腹或肩部，占据空间大而显眼，所刻铭文篆、隶、楷、行书都有。行楷古雅，八分书尤其"简左超逸"，篆刻直追秦汉。另外，陈曼生改革了以往传统手法，将壶底中央钤盖陶人印记的部位盖上自己的大印"阿曼陀室"，而把制陶人的印章移至壶盖或壶把下腹部。由此可见，制壶伊始，陈曼生便清晰地定位了文人在紫砂壶创制中的不二地位。

奇妙的事情就发生在这里：一方面，因为要在紫砂壶上集中表现创造者的诗情画意，便于壶上题识铭文书画装饰，紫砂壶造型便多以几何形为主，比较简洁，壶体较大。另一方面，因为壶身不能过小，在储水上又恰恰满足了沏茶品茶者的日用需求。又因为讲究壶体线条的流畅之美，壶盖壶身壶嘴，一气呵成，天衣无缝，人们在品饮使用的时候，反而更加得心应手。紫砂壶的功能与审美，就如此完美地结合在一起。

紫砂壶功能与审美的高度统一，还表现在另一个特质——"把玩"之上。

顾景舟醒钟茶具

中国人对艺术的欣赏，往往和对世界的认识相似，立足于天人合一，浑然一体。比如绘画本来是一种视觉艺术，在中国人那里，却发展成视觉加触觉的艺术。没有触觉的加入，那视觉的审美，仿佛也就不那么完整了。因此，中国人的艺术欣赏中，诞生了一个特殊的词，引申出一种特殊的审美品味，叫作"把玩"。中国画往往能够卷起，或为长短轴，或为扇面，或为册页，小而轻便，能够随身携带。而紫砂壶的隔热功能，恰恰就能够使品茶者自如地将茶壶置于掌中，随时品饮热茶。这种将美器置于掌中的方式，让人们可以近距离地品识紫砂壶之美，成就一个个掌中故事。紫砂壶这会唱歌的泥土，便成为诗人手中最合适不过的把玩之物。

所谓把玩，是一定要有触觉参与其中的，说白了，是要有身体的介入的。在身体中，主要的介入者自然是手。砂罐砂也，把盏何人，那只手是谁的手？那是名士的手，也是名工的手，是他们联手创造了美，并享受着美。陈曼生自己不光设计、监制了许多传世的紫砂壶样，他还亲自制作了一些精彩的壶艺绝品，或篆刻其上。短短几年里，他写下大量的壶铭。他铭刻在"井栏壶"上的格言是："井养不穷，是以知汲古之功。"那种对知

紫砂壶功能与审美
高度统一（锈剑／摄）

识的渴求，凝练而贴切。而在"合斗壶"壶身上刻下的壶铭则是："北斗高，南斗下，银河泻，栏干挂。"铭文读来带有民谣风格，节奏跳跃，清新自然。"合欢壶"是曼生之所爱，壶铭曰："试阳羡茶，煮合江水，坡仙之徒，皆大欢喜。"此壶铭阐释了"合欢"的真正意义，是知音知己同品好茶。

在我的长篇小说"茶人三部曲"中，贯穿着一把曼生壶。壶为方形，壶身上刻有十八方壶铭，曰："内清明，外直方，吾与尔偕臧。"这把壶跟随着杭氏家族六代人的命运起伏沉降，百年沧桑之后，几离几归，终于回到杭家人手中。这世上一切珍宝都无法与之相匹的宝贝，只要一面掌就可以托起。它的美，只要两只手就可以拱握，它的一切价值，都可以拢于袖中。无论"居庙堂之高还是处江湖之远"，宠辱皆为过眼烟云。就这样，那忠诚的紫砂壶，成了人们生命的寄托，成为人们最亲密的伙伴。

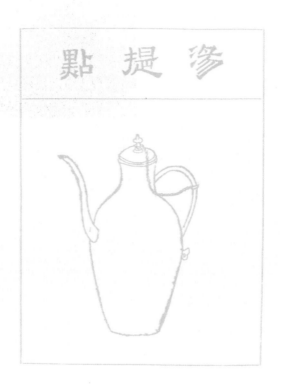

渗提點

壹捌

⋯⋯片羽吉光也是诗
—— 生活中的茶文学

　　我们都知道，茶和柴米油盐酱醋过日子的同时，也能与琴棋书画诗酒共赴雅集，且在那个浪漫天地担任不可或缺的角色，茶与文学的关系就这样建立起来了。而所谓的茶文学，正是指以茶为主题而创作的文学作品，亦包含了主题不一定是茶，但是有歌咏茶或描写茶的片段，其门类包括了茶诗、茶词、茶文、茶对联、茶戏剧、茶小说，等等。咱们在这里就专门讲讲那些人们一般较少关注的茶在实际应用中与文学的结合。

　　先来讲讲茶叶命名中的文学。茶的命名基本有三种方式：一是以地名之，如著名的蒙顶茶，产于四川雅州蒙山，峨眉茶产于四川峨眉山，其他如青城山茶、武陵茶、沪溪茶、寿阳茶、径山茶、天竺茶、岭南茶、溪山茶、龙井茶等。这些茶名的文学性就全部依靠在地名的文学性上了，地名有多文学，茶名就有多文学。记得有一种绿茶名叫狗牯脑茶，产于江西遂川县狗牯脑山，听上去真是有些奇怪，但人家就是名茶。

茶的命名，二是以形名之，这就和文学沾点边了。如著名的仙人掌茶，是一种佛茶，李白在诗中描写过，其形如仙人掌，产于荆州当阳（今湖北当阳）。其他如产于四川雅安蒙山的石花茶，蜀州、眉州产的蝉翼，蜀州产的片甲、麦颗、鸟嘴、横牙、雀舌，产于衡州的月团，产于潭州、邵州的薄片，产于吴地的金饼等。听听那些名字，蝉翼、片甲、麦颗，真是很有诗意呢，这样的名字无形中都是可以为茶加分的。

茶的命名，三是以形色名之，如著名的紫笋茶，色近紫，形如笋，符合《茶经》的名茶标准，故备受推崇。"牡丹花笑金钿动，传奏吴兴紫笋来"，不仅茶美，其名也雅。其他如产于鄂州的团黄，产于蒙山的鹰嘴芽白茶，产于岳州的黄翎毛等。文学本来就是一个有声有色有形有款的语言传递，传递得感官信息越丰富，文学性自然也就越强了。

还有其他命名法的，如蒙顶研膏茶、压膏露芽、压膏谷芽，包含着地名、外形和制作特点。瑞草魁、明月、雷鸣、瀑布仙茗，其名本身就富有诗意。近日听得一款新制红茶，名叫金骏眉。它的最大特点是外形细长如眉，间杂金色毫尖；香气幽雅多变，既有传统的果香，又有明显的花香。取名不叫"峻"，不叫"俊"，偏叫一个"骏"，帅气的金色马儿，似乎与茶是不搭的，茶也不可能形状如马啊，但精气神贯通，富有诗意，感觉特别好。

取茶名也要有文学性，美名方能传扬。

我们再来说说茶联中的诗意。茶联，是指与茶有关的对联，是文学与书法艺术的结合。它对偶工整，联意协调，是诗词形式的演变与精化。在中国，城乡各地的茶馆、茶楼、茶室、茶叶店、茶座的门庭或石柱上，茶道、茶艺、茶礼表演的厅堂墙壁上，甚至在茶人的起居室内，常可见到悬挂有以茶事为内容的茶联。茶联常给人古朴高雅之美，也常给人以正气睿

智之感，还可以给人带来联想，增加品茗情趣。茶联可使茶增香，茶也可使茶联生辉。

茶联挂在茶馆，首先是要起到广告作用的。旧时广东羊城著名的茶楼陶陶居，店主为了扩大影响，招揽生意，用"陶"字分别作为上联和下联的首字，出重金征茶联一副，终于征得一副绝妙茶联。联曰：陶潜喜饮，易牙喜烹，饮烹有度；陶侃惜分，夏禹惜寸，分寸无遗。这里用了四个人名，即陶潜、易牙、陶侃和夏禹；又用了四个典故，即陶潜喜饮，易牙喜烹，陶侃惜分和夏禹惜寸。这副对联不但把"陶陶"两字分别嵌于每句之首，使人看起来自然、流畅，而且还巧妙地把茶楼饮茶技艺和经营特色，恰如其分地表露出来，理所当然地受到店主和茶人的欢迎和传诵。

蜀地早年有家茶馆，兼营酒业，但因经营不善，生意清淡。后来，店

主请当地一位才子撰写了一副茶酒联，镌刻于大门两边："为名忙，为利忙，忙里偷闲，且喝一杯茶去；劳心苦，劳力苦，苦中作乐，再倒一杯酒来。"此联对追名求利者未加褒贬，反而劝人要呵护身体，潇洒人生，让人颇多感悟，既奇特又贴切，雅俗共赏，人们交口称誉。

茶联的文学性很强，是文学审美的绝好对象，品茶识茶联，只觉静中有动，茶中有文，眼界大开。如最为人称道的"欲把西湖比西子，从来佳茗似佳人"，系集苏东坡《饮湖上初晴后雨》与《和曹辅寄壑源试焙新茶》诗句而成。据《杭俗遗风》记载，昔时杭州西湖藕香居茶室就曾挂此联。明清时期茶联极为丰富，许多名家都参与其中。清代的江南大文人杭世骏撰写并以行草书录："作客思秋议图赤脚婢，品茶入室为仿长须奴。"江恂撰写并以隶书录："几净双钩摹古帖，瓯香细乳试新茶。"郑板桥为扬州青莲斋题："从来名士能评水，自古高僧爱斗茶。"何绍基为成都望江楼题书："花笺茗碗香千载，云影波光活一楼。"杭州西湖龙井有一处名叫"秀萃堂"的茶堂，门前挂有一副茶联："泉从石出情宜冽，茶自峰生味更圆。"这本是文人陈继儒的诗句，该联把龙井所特有的茶、泉、情、味点化其中，其

龙井秀萃堂茶联（锈剑／摄）

妙无比。扬州有一家富春茶社的茶联也很有特色，直言："佳肴无肉亦可；雅谈离我难成。"福建泉州市有一家小而雅的茶室，其茶联这样写道："小天地，大场合，让我一席；论英雄，谈古今，喝它几杯。"此联上下纵横，谈古论今，既朴实，又现实，令人叫绝。

北京前门老舍大茶馆的门楼两旁挂有这样一副对联："大碗茶广交九州宾客，老二分奉献一片丹心。""大碗茶"和"老二分"都是老舍茶馆当年创业时的基业，以此入联，这不仅刻画了茶馆"以茶联谊"的本色，而且还进一步阐明茶馆的经营宗旨。

有许多民间茶联撰者无名，但茶联却闻名天下。旧时绍兴驻跸岭茶亭曾挂过一副茶联，曰："一掬甘泉好把清凉洗热客，两头岭路须将危险话行人。"此联语意深刻，既描述了甘泉香茗给行路人带来的一份惬意，也描述了人生旅途的几分艰辛。福州南门外茶亭悬挂一联："山好好，水好好，开门一笑无烦恼；来匆匆，去匆匆，饮茶几杯各西东。"通俗易懂，言简意赅，教人淡泊名利，陶冶情操。贵阳市图云关茶亭有一副茶联："两脚不离大道，吃紧关头，须要认清岔道；一亭俯看群山，站高地步，自然赶上前人。"既明白如话，又激人奋进。

最有趣的恐怕要数这样一副回文茶联了，联文曰："趣言能适意，茶品可清心。"倒读则成为："心清可品茶，意适能言趣。"前后对照，意境非同，文采娱人，别具情趣，不失为茶联中的佼佼者。

目前有记载的，而且数量又比较多的茶联，乃出自清代，而留有姓名的，尤以郑板桥所作茶联为最。郑板桥能诗、会画，又懂茶趣、喜品茗，他在一生中曾写过许多茶联，其中有一茶联写道："扫来竹叶烹茶叶，劈碎松根煮菜根。"这种饮粗茶、食菜根的清淡生活，是普通百姓日常生活的写照，使人看了，既感到贴切，又富含情趣。

说到茶回文，属于茶文学中游戏文学的类别，也是非常有趣的。我们都知道，所谓回文，是指可以按照原文的字序倒过来读的句子，茶回文当然是指与茶相关的回文了。在中国民间有许多回文趣事。

有一些茶杯的杯身或杯盖上有四个字：清心明目。随便从哪个字读皆可成句：清心明目、心明目清、明目清心、目清心明，而且这几种读法的意思都是一样的。正所谓"杯随字贵、字随杯传"，刻在茶杯上的文字给人美的感受，增强了品茶的意境美和情趣美。

"不可一日无此君"，是一句挺有名的茶联，它也可以看成是一句回文，从任何一字起读皆能成句：不可一日无此君，可一日无此君不？一日无此君不可，日无此君不可一，此君不可一日无，君不可一日无此。颇有意趣。

如上文茶馆中的对联："趣言能适意，茶品可清心。"反过来读，则成为："心清可品茶，意适能言趣。"

北京老舍茶馆的两副对联也是回文对联，妙手天成。一副是："前门大碗茶，茶碗大门前"。此联把茶馆的坐落位置、泡茶方式、经营特征都体现出来，令人叹服。

另一副更绝："满座老舍客，客舍老座满。"既点出了茶馆的特色，又巧妙地糅进了人们对老舍先生艺术作品的赞赏和热爱。

茶谚是最好玩、最有传播性、在民间流传最广的。我们知道，谚语是流传在民间的口头文学形式，是通过一两句歌谣式朗朗上口的概括性语言，总结劳动者的生产劳动经验，表述他们对生产、社会的认识的一种文学形式。唐代已出现记载饮茶茶谚的著作，唐人苏廙《十六汤品》中载："谚曰：茶瓶用瓦，如乘折脚骏登山。"

渐渐地，简短通俗的茶谚语成为人们流传的固定语句，在民间茶俗中，茶谚随处可见。如元曲中有"早晨开门七件事：柴米油盐酱醋茶"之谚，讲茶在人们日常生活中的重要性，说明茶已是常见的物品。衣食住行方面的茶谚有"平地有好花，高山有好茶"，"酒吃头杯好，茶喝二道香"，"好吃不过茶泡饭，好看不过素打扮"；茶俗方面的谚语有"当家才知茶米贵，养儿方知报家恩"；自然知识气象方面的茶谚有"早晨发露，等水烧茶；晚上烧霞，干死蜞蚂"；谈论茶俗的谚语有"冷茶冷饭能吃得，冷言冷语受不得"；持家经营方面的茶谚有"丰收万担，也要粗茶淡饭"，"粗茶淡饭布衣裳，省吃俭用过得长"；林业茶俗谚语有"向阳茶树背阴杉"；反映个人之间关系的茶谚有"人走茶凉"，"有茶有酒好兄弟，急难何曾见一人"；生产知识方面的茶谚有"秋冬茶园挖得深，胜于拿锄挖黄金"；卫生知识方面的茶谚有"不喝隔夜茶，不吃过量酒"；判断是非方面的茶谚有"好茶不怕细品，好事不怕细论"等。这些反映方方面面的茶俗谚语读起来朗朗上口，其文化意蕴耐人寻味。

茶谚以生产谚语为多，早在明代就有一条关于茶树管理的重要谚语，叫作"七月锄金，八月锄银"，意思是说，给茶树锄草最好的时间是七月，其次是八月。广西农谚说："茶山年年铲，松枝年年砍。"浙江有谚语：

"若要茶，伏里耙。"湖北也有类似谚语："秋冬茶园挖得深，胜于拿锄挖黄金。"关于采茶，湖南谚曰："清明发芽，谷雨采茶。"或说："吃好茶，雨前嫩尖采谷芽。"湖北又有一种说法："谷雨前，嫌太早，后三天，刚刚好，再过三天变成草。"

有些谚语则透露出经济观念，如"茶叶两头尖，三年两年要发颠"，是说茶叶价格高低不一，很难把握，每年都有变化。又如"要热闹开茶号"，"茶叶卖到老，名字认不了"，这显然涉及茶叶的贸易。还有些谚语是关于茶叶审美品鉴的，如"茶叶要好，色、香、味是宝"，以色、香、味三者来评定茶的品级。又如"种茶要瓜片、吃茶吃雨前"，"瓜片"是六安茶叶的上品，"雨前"指黄山谷雨前的毛尖茶，说的都是安徽茶中的上品。

歇后语是汉语言中一种特殊的修辞方式，生动有趣，喻意贴切，民间气息浓厚，地域性强。说到茶的歇后语，那可真是民间高难度的创造性语言。想要掌握它，你就得对民间语言有很高的悟性。比如四川什邡李家碾有个茶社名叫"各说各"，人们便说个歇后语为"李家碾的茶铺——各说各"。另有"铜炊壶烧开水泡茶——好喝"，"茶壶里头装汤圆——有货倒不出来"，"茶壶里头下挂面——难捞"，"茶铺搬家——另起炉灶"，"茶铺头的龙门阵——想到哪儿说到哪儿"等。

说到茶壶上的铭文题识，那就是茶文学的阳春白雪了。茶具中的铭文题识，原本是文人墨客的雅事，无关功用。但一旦与茶器结合，就成了应用文学中的一个重要组成部分，具备了特殊的审美意韵。有铭文题说的茶壶，是极致的阳春白雪和极致的下里巴人的完美结合。铭文题识中的文句，绝大多数从先秦的四书五经中提取，文字往往高古难识，却又往往更被人看重，而题字之人也往往是名书法家、名画家。在此选择曼生壶的一些题识，供参考：

石铫：铫之制　抟之工　自我作　非周种

汲直：苦而旨　直其体　公孙丞相甘如醴

却月：月满则亏　置之座右　以为我规

横云：此云之腴　餐之不癯　列仙之儒

百衲：勿轻短褐　其中有物　倾之活活

合欢：蠲忿去渴　眉寿无割

春胜：宜春日　强饮吉

古春：春何供　供茶事　谁云者　两丫髻

饮虹：光熊熊　气若虹　朝阊阖　乘清风

井栏：栏井养不穷　是以知汲古之功

钿盒：钿合丁宁　改注茶经

覆斗：一勺水　八斗才　引活活　词源来

瓜形：饮之吉　匏瓜无匹

牛铎：蟹眼鸣和　以牛铎清

井形：天茶星　守东井　占之吉　得茗饮

半瓦：合之则全　偕壶公以延年

葫芦：作葫芦画　悦亲戚之情活

天鸡：天鸡鸣　宝露盈

合斗：北斗高　南斗下　银河浑　阑干挂

提梁：提壶相呼　松风竹炉

最后我们来说一说茶令和茶谜。关于茶令，南宋时大文人王十朋曾写诗说："搜我肺肠著茶令。"他对茶令的形式是这样解释的："与诸子讲茶令，每会茶，指一物为题，各具故事，不同者罚。"可见那时茶令已盛行在江南地区了。

《中国风俗大词典》记载："茶令流行于江南地区，饮茶时以一人令官，饮者皆听其号令，令官出难题，要求人解答或执行，做不到以茶为赏罚。"挨罚多者也会酩酊大醉，脸青心跳，肚饥脚软，此谓"茶醉"。

女诗人李清照和丈夫金石学家赵明诚，是宋代著名的一对恩爱文人夫妻，他们通过茶令来传递情感。这种茶令与酒令不大一样，赢时只准饮茶一杯，输时则不准饮。他们夫妻独特的茶令一般是问答式，以考经史典故知识为主，如某一典故出自哪一卷、哪一册、哪一页。赵明诚写成一部三十卷的《金石录》，成为中国考古史上的著名人物。李清照在《金石录后序》中记叙了她与赵明诚行茶令搞创作的一段趣事佳话："余性偶强记，每饭罢，坐归来堂烹茶，指堆积书史，言某事在某书、某卷、第几页、第几行，以中否角胜负，为饮茶先后，中即举杯大笑，至茶倾覆怀中，反不得饮而起……"这样的茶令，为他们的书斋生活增添了无穷乐趣。

说到茶谜，常常是带着许多故事米的。相传，古代江南有一座寺庙，住着一位嗜茶如命的和尚，和寺外一爿杂食店的老板是谜友，平时喜好以谜会话。忽一夜，老和尚让徒弟找店老板取一物。那店老板一见小和尚，头戴草帽，脚穿木屐，立刻明白了，速取茶叶一包叫他带去。原来，这是一道形象生动的茶谜，头戴帽暗合"廿"，脚下穿木屐，扣合"木"字为底，中间加小和尚是"人"，组合成了一个"茶"字。

唐伯虎、祝枝山这对明代苏州风流文人之间猜茶谜的故事也很有意思。一天，祝枝山刚踏进唐伯虎的书斋，只见唐伯虎脑袋微摇，吟出谜面："言对青山青又青，两人土上说原因，三人牵牛缺只角，草木之中有一人。"不消片刻，祝枝山就破了这道谜，得意地敲了敲茶几说："倒茶来！"唐伯虎大笑，把祝枝山推到太师椅上坐下，又示意家童上茶。原来这四个字正是："请坐，奉茶。"

最早的茶谜很可能是古代谜家撷取唐代诗人张九龄《感遇》中"草木本有心"，配制的"茶"字谜。在民间口头流传的不少茶谜中，有不少是按照茶叶的特征巧设的。如"生在山中，一色相同，泡在水里，有绿有红"。民间还有用"茶"字谜来隐喻百岁寿龄的，其意是将"茶"字拆为"八十八"加上草字头（廿）为一百零八，所以茶寿就是一百零八岁。我前些年到天台山去，收集了一些茶谜，读来竟生出与以往读茶谜完全不同的意趣来。我没有想到，本来的游戏之作会如此深刻悲怆。且抄录在这里，作为这篇文章的压轴吧。

之一：出身山头，死死镬头，活活碗头。

之二：生在丫杈，死在人家，一到水里，立刻开花。

之三：小时山中放青，大时镬里翻身。

干在篮里发闷，湿在水中浮沉。

之四：高高山头叶叶青，杭州府里有我名。

客来堂前先谢我，客去堂前念我心。

之五：生在深山绿茵茵，盘山过岭到绍兴。

皇上算我第一名，我在水里受苦辛。

之六：生在青山叶秃秃，死在杭州卖尸骨。

接客倒要先用我，浸在水里不敢哭。

之七：生在山上，卖到山下，一手抲牢，逼着投河。

之八：孔明借来东南风，周瑜设计用火攻，

百万雄兵推落水，赤壁江水都染红。

養浩然之氣礬沸騰之聲以
執中之能輔成湯之德斟酌
賓主間功邁仲圭圉然未免
外爍之嘉其後有內熱之患歟

∴北国茶炊的追忆
——百年影像读刘茶

刘峻周在 Chakva 茶场

　　展现在我们面前的是一幅带环境的彩色人物照片，图像下面有着这样一句解说：中国工头在 Chakva 茶场。

　　Chakva，翻译成汉语为恰克瓦，是黑海东岸格鲁吉亚巴统北部的一个小镇。摄影家眼中的"中国工头"，名叫刘峻周（1870—1939），是被格鲁吉亚人民称为"红茶之父"的中国茶人。由他种植、创制的茶叶，享誉欧洲，被俄国人称为"刘茶"。

　　图片来自老照片历史档案馆的"照片中国"专栏。从图像中看，刘峻周身穿富贵气息的黄袍马褂，外套蓝色马甲，脚蹬黑色长靴，头戴黑色毡帽，精神矍铄，显示出移居他乡、事业成功的中国海外创业者的自信与勇敢。他的胸前，挂着一枚银光闪闪的奖章。他的周围是他自己栽种的茶苗，身后是青青的竹子，这些竹子也都来自中国，并由他亲自种下。

　　这是中国人在海外最早的彩色影像，由沙皇时代的最后记录者——俄罗斯早期摄影家谢尔盖伊·普罗库丁·古斯基拍摄。20 世纪初，谢尔盖伊·普罗库丁·古斯基就有一个对俄罗斯帝国进行全面摄影调查的计划，这个雄心勃勃的计划赢得了沙皇尼古拉二世的支持。在 1909 年至 1912 年之间和 1915 年，他乘坐运输部提供的一辆载有特别装备的铁路旅行客车，完成了对十一个地区的摄影调查。1948 年，美国国会图书馆从其继承人手中购买了这套俄国革命前夕的唯一一批图像，并采用数字技术，将这套黑白照片转换成了精美的彩色图像，共一千九百张。其中有数张图片，都与刘峻周以及刘茶有关。而正是这位本是广东人氏的刘峻周以及他的刘茶，却与宁波有着深厚的渊源。

中国茶叶最早传入俄国，据说是在公元 6 世纪由回族人运销至中亚细亚，又由蒙古人于 9 世纪的五代十国时辗转运至俄国的。元代蒙古人远征俄国，中国文明随之传入。至明朝，中国茶叶开始大量进入俄国。1638 年，莫斯科使臣瓦西里·斯达尔可夫带回由蒙古可汗赠送沙皇的中国茶叶，约四普特。

1675 年，沙皇派遣尼古拉·加甫里洛维奇·米列斯库（斯帕法里）率代表团出使中国，回国后在他在出使报告中详细记载了关于中国茶叶的情况。这"不是树，也不是草，它生长着许多细细的枝条，花略带黄色。夏天，先开花，香味不大，花落之后长出绿色的小豆，而后变成黑色。那些叶子长时间保存在干燥的地方，当再放到沸水中时，那些叶子又重新呈现绿色，依然舒展开来，充满了浓郁的芬芳。当你习惯时，你会感到它更芬芳了。中国人很赞赏这种饮料。茶叶常常能起到药物的作用，因此不论白天或者晚上，他们都喝，并且用来款待自己的客人。"在当时的条件下，这种认识应该说是难能可贵的。这是迄今为止我们所能见到的俄国对于中国茶叶的最早且较为详尽的记载。

1689 年，中俄签订《尼布楚条约》，自此，中国茶叶自张家口经蒙古

刘峻周在俄罗斯的住所

输往俄罗斯。

1727年，俄国女皇派使臣到北京，申请通商，中俄签订互市条约。继而，俄罗斯在中俄边境一个小村落规划设计并出资兴建了一个贸易圈——这就是大名鼎鼎的恰克图。恰克图是蒙古语，意思是"有茶的地方"。1824年，通过恰克图进行的茶叶贸易达至巅峰。19世纪40年代，从恰克图到莫斯科，茶叶运输每普特需六个卢布，而从广东到伦敦只需三十到四十戈比。

从19世纪中叶起，俄国当局和一部分经营茶叶的资本家也试图把中国茶树引入俄国栽种。他们首先选中了与中国江南产茶区气候相似的黑海沿岸，并在此试种中国茶叶。

1888年，波波夫茶叶贸易公司经理波波夫来中国考察茶叶种植技术，他先后在宁波等地了解中国茶树的种植和茶叶的加工制造情况，深感掌握技术的重要性。

几年后，波波夫在回国时采购了数百普特茶籽和几万株茶苗，并聘请了以刘峻周为首的十名中国茶叶专家赴俄国传授种茶技术。

刘峻周祖籍为广东肇庆，少年时代随其舅父来宁波习茶，并在宁波结识了俄商波波夫，遂决定随其远渡重洋，去格鲁吉亚种茶。在刘峻周的玄孙、北大教师刘浩的介绍文章中，亦对此事，有着清晰的记录：

我家祖籍广东肇庆。我爷爷的爷爷，也就是我高祖父，叫刘峻周，生于1870年。因为祖上三代都有战功，他的父亲更是在出征广西时战死沙场，作为遗腹子，所以高祖父一出生就得到了皇旨。皇上命他日后做武秀才、尉官，总之是继承他父亲的职务，而且从未成年开始就享有官饷。

高祖父的母亲生在一个大家庭，家族主要经营茶叶、茶庄生意。族中的孩子无论男女都上私塾，读书识字，他的母亲也是书香门第的大家闺秀。

高祖父是独生子，他从小就跟着母亲学习，习武、骑马等都成了他终身的兴趣。后来他甚至给自己取了个别号叫天涯马痴，因为他曾远赴他乡，和祖国相隔天涯。清末时期的广东，革命浪潮高涨。高祖父的不少朋友都参加了革命，他自己也资助过同盟会。他的母亲怕他被清政府发现，受到牵连，让他离开广东，不再习武。于是通过他舅舅的关系，高祖父到江浙一带学习茶叶种植技术和茶庄经营。

此处所说的江浙一带，指的正是宁波。刘峻周一年有两三个月在家，其余时间则在茶厂，在那里待了五年：头三年是实习生，后两年则升为厂长助理。而恰恰也是在这个历史时期，俄国茶商对中国茶叶有了更为迫切的需求。

我们已知，从19世纪中叶起，俄国当局和一部分经营茶叶的资本家，已经有了把中国茶树引入俄国栽种的意图。他们首先选中了与中国江南产茶区气候相似的黑海沿岸，并在此试种中国茶叶。据记载，1847年高加索总督乌热特佐夫下令在黑海沿岸的港口城市赫尔松的植物园里试种茶叶，开了在俄国种茶之先河。然而，由于受技术等诸多因素的影响，从未见过茶树的俄国人无法获取好的收成，但这并没有影响到俄国人的种茶兴趣。1884年，在彼得堡召开了一次国际植物园艺会议，一位名叫泽得利采夫的农学家在会上作了关于茶叶栽培的学术报告，引起了与会茶商的浓厚兴趣。正是在这样的背景下，波波夫结识了刘峻周的舅父，并通过他认识了刚满十八岁的刘峻周，并对这个广东籍的中国小伙子留下了深刻印象。而1893年春天，波波夫又一次来到中国，再次考察了中国南方的茶叶生产活动，便正式向刘峻周发出了邀请，希望他能够到高加索去发展种茶事业。关于这个建议，刘峻周在1920年的回忆录《我生活劳动的五十年》中这样写道：

> 我欣然接受了建议。一个新的国家吸引着我。在那里，我将成为种茶的先行者。得到我去高加索的允诺后，波波夫托我为他未来的种植园购买了几千公斤茶籽、几万株茶树苗。最后决定走的有十二人：我、我的译员和十名懂得种茶制茶技术的华工。我们同波波夫签了为期三年的协议。

1893年11月，刘峻周一行来到高加索。头三年做了以下工作：建起一个大暖房培育茶树苗。在三个领地种下约80俄亩（相当于87.2公顷）的茶树，并完全按照中国的形式建立了俄国第一座小型制茶厂。配置了揉捻机、碎叶机、干燥机、分筛装箱机等制茶机器，以当地的原料生产茶叶。在第三年，刘峻周他们收获了上百普特的翠绿茶叶，并手工制出了第一批茶。刘峻周把它们寄给了在莫斯科的波波夫，他们非常满意。此举大获成功，扭转了几十年来在黑海沿岸种植茶树徘徊不前的局面，在俄国引起了不小的轰动。

三年合同期满后，刘峻周决定留下继续工作，他受波波夫委派，回中国购买一批新茶树苗和茶籽。1897年5月，刘峻周带着全家，包括母亲、妻子、义妹、五岁的儿子和刚生下不久的女儿，还有十二名茶工及家眷，第二次来到巴统。

1900 年，世界工业博览会在法国巴黎举办。琳琅满目的产品中，包装考究的茶叶备受关注，它们来自印度、锡兰（今斯里兰卡）、俄国……中国当时正受八国联军的侵袭，没有参展。结果，俄国波波夫公司刘峻周茶厂生产的茶叶获第一名，波波夫本人因生产出世界最优质的茶叶获金质奖章。

1901 年，经俄国农业部长叶尔莫洛夫及皇室地产总管理局农艺师 H·H·克林根的举荐，刘峻周被科丘别伊公爵领地的总管请到恰克瓦担任茶厂主管，1901 年 3 月开始履行职责。也是在同一年，他的母亲病逝异国，就葬在了恰克瓦茶园之中。而在为皇家庄园工作近十年后，刘峻周被授予"斯坦尼斯拉夫三级勋章"。后来皇室地产总管理局建议他加入俄籍，并许以前官所给予之待遇。刘峻周在回忆录中这样写道："我感谢他对我的关怀，但我作为爱国者，婉言谢绝了让我加入俄籍的好意。"

我深感兴趣的是，这些图片让我们看到的一百年多前的茶树，它们统统来自中国。然而，它们究竟来自于宁波，还是来自广州呢。

目前关于刘峻周的出发地点，有两种记载，一种说刘峻周从宁波乘船出发，到广州，然后再由广州出发，经印度洋，入红海，过苏伊士运河，横越地中海，驶入黑海，所见所闻，丰富之至。刘峻周写了许多旅行笔记，记下了各地的风物人情，这些珍贵的资料一直保留了七十多年，直到"文化大革命"期间被毁。

另一种记录说刘峻周是从广州出发的。刘峻周的回忆录，也记载了他在广东雷州茶厂的工作情况，同时也记录了他们这个茶叶家族与湖北汉口之间的关系。从近代茶史上看，湖北与俄国茶业之间亦有着十分密切的关系。

宁波与广州，都是重要的通商口岸，都与刘峻周的茶事青春有着密切联系，而宁波与刘峻周之间的茶业关系尤深。从茶叶种植情况看，首选之

旧时宁波码头

地当推为宁波。因为波波夫当年带着明确目的考察茶叶种植情况，首先到的就是宁波。而刘峻周经过多年的实地学习，肯定也对宁波当地的茶苗茶籽情况最为熟悉。

几千公斤茶籽和几万株茶树苗不是一个小数字，在什么地方购买，在什么地方装船，答案是很显然的。所以我同意刘峻周在宁波做好出发前的准备，并从宁波出发前往广州，再由广州出发去格鲁吉亚的观点。同时，根据我的分析，刘峻周不管从哪里出发，他所带去的中国茶苗和中国茶籽，不会仅仅是一个地方的。因为到一个遥远的异国去开拓茶园，要考虑各种不同情况，势必会带上各种不同品类的茶种，以求与和当地水土适应。

现在，让我们回到上面那张影像来进行解读。一是刘峻周胸前佩戴的奖章，正是"三级斯坦尼斯拉夫勋章"，因为颁布奖章的时间，恰在1909年与1910年之间，所以拍摄照片的时间不可能超过这个年限。二是刘峻周彼时还身着满清服装。有趣的恰是，清朝的中国人戴着俄罗斯帝国的勋章。而根据后人对他的记载，刘峻周是一个充满革命精神的人，1911年辛亥革命刚刚爆发，他就带头剪掉了辫子，换掉清朝服饰。三是摄影师在拍摄这张影像之时，还拍摄了另一些相关图片，包括以下两张：

一张为茶厂的称重室——恰克瓦茶厂进行包装和称重的场所。

另一张是在恰克瓦茶山上采茶的当地女工，这是最能证明拍摄时间的

右图 在恰克瓦茶山上采茶的当地女工

左图 茶厂的称重室

图片。因为当年摄影师在拍摄这套影像时，对每一张内容都做了记录。而以下这张影像的图片记录显示，她们正是1910年在黑海巴统恰克瓦茶山上的采茶妇女。

在这张图片上，我们亲切地看到了满山的茶树，从形态上看，与我们在江南在宁波茶山看到的茶树、种植方式，乃至其采茶工具，都几乎是一模一样的。

行文至此，想起了一则苏联的往事。20世纪50年代初的一个深秋，苏联女诗人阿赫玛托娃应汉学家、苏联作协书记费德林之约，共同翻译中国诗人屈原的《离骚》。费德林费了一番周折，总算弄到一壶编辑部女同事用电热棒烧开的水。然后，他拿出手提包里随身带着的中国龙井，沏出一杯茶，郑重地端到阿赫玛托娃面前。

"在国家出版社里居然能喝到热茶，真是奇迹。"阿赫玛托娃轻声说，她身着一件年久褪色的旧上衣，一双破旧编织手套的磨损处甚至露出了手指头，她双手捧起龙井茶。片刻，没有喝尽的杯子里，茶叶已沉到杯底。刚刚还蜷缩的干叶，已舒展开来，现出嫩绿色。

"请您注意一下茶杯的奇观！"费德林对阿赫玛托娃说。

"的确，真是怪事……怎么会有这样的变化呢？"费德林从茶叶罐里拿出干茶叶，阿赫玛托娃吃了一惊，然后，她感慨："……的确，在中国的土壤上，在充足的阳光下培植出来的茶叶，甚至到了冰天雪地的莫斯科也能复活，重新散发出清香的味道。"

只有阿赫玛托娃这样的心灵，才会在第一次见到和品尝中国茶的瞬间，深刻地感受茶的生命。从春意盎然的枝头采下的最新鲜的绿叶，经受烈火的无情考验，失去舒展和媚人的姿态，被封藏于深宫。这一切，都是为了某一天，当它们投入沸腾的生活时的"复活"。茶，是世间万物的复活之草！

是的，离刘峻周北国种茶之行，已经一百多年过去了，格鲁吉亚人依旧以"伊万·伊万诺维奇·刘"的称呼提及刘峻周。他居住的恰克瓦村，至今保留着以他的姓氏命名的"刘茶"茶园。巴统市的博物馆，陈列着他的照片，包括我们看到的这些一百年前的影像。这弥足珍贵的资料印证了中国茶人与茶叶的悠远历史与光荣道路，他们值得我们后人永久怀念，而我们也共同期待着刘茶的复活。

竺副硊

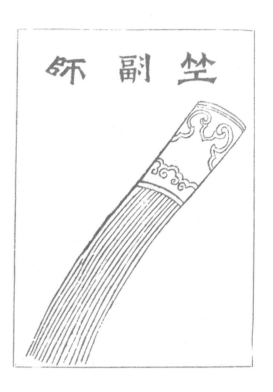

贰零

：：奥林匹克旗帜下一片茶色

——英伦岛上的国饮

　　在我这个茶人看来，第三十届伦敦奥运会，就是从茶色中开始的——谁让曾执导过《贫民窟的百万富翁》的开幕式导演丹尼·博伊尔，将"绿色和愉悦"作为开场第一乐章呈现呢？绿色的茶！愉悦的茶！而英国，恰恰是除中国之外全世界最爱喝茶的国度！想一想那淳朴的田园风光，绵延起伏的山丘，潺潺流动的溪水，绿油油的草地，一座农舍，浓浓乡情，十二匹马、三头牛、七十只羊和三只牧羊犬，挤奶的工人，在草地上野餐的家庭……绿色愉悦的生活！我还要感谢丹尼·博伊尔将第二乐章的主题设定在工业革命时期的英国，因为茶在英国，的确是作为"工业革命的饮料"而成就自身的伟大价值的。最后我要说，一场再有思想性的狂欢，其尾声也不可能不是豪迈的，所以导演以"迈向未来"作为第三乐章，合情合理。然而，豪迈者难道必定以酒相伴吗？未必！以绅士著称的英国人早在 18 世纪，便已经写下了这样的诗行——诗人悉尼·史密斯这样歌颂道："感谢上帝，没有茶，世界将暗淡无光，毫无生气。"将茶与光相提并论，茶就是光明生活中不可或缺的存在。而迈向未来怎么可以没有光明呢？将茶融入灵魂深处的英伦人民，又怎么可以在光明中没有茶呢！

因此，虽然茶是宁静而温良的，是慢生活中的极品，而赛事是激越而狂热的，是快生活中的极致，我依然要将这两项似乎不沾边的存在合并同类项。奥林匹克旗帜下固然云集四方豪杰八路英豪，大碗喝酒大块吃肉，但数十亿人民坐在电视机前，绝大多数是品茶论英雄的。这个世界的慢与快，静与动，赢和输，欢笑与泪水，荣誉与伤痛，共同构成了人类生活。博伊尔将一大群牛羊赶上舞台，将田园牧歌生活作为开篇，其中怎么会没有深意呢？奥运会绝非一次单纯意义上的体育盛事，它更是人类和平生活的典范。在第三十届奥运会旗帜下品茶，尤其是品下午茶，按我们中国"茶圣"陆羽的原话，那就叫作——饮之时义远矣哉！

闲话少说，言归正传。欲问英伦茶事如何，且待我从 17 世纪开始说起。

1662 年，英国饮茶史上具有划时代意义的一年。5 月 13 日，在英国南端朴次茅斯海港外的洋面上，一支由十四艘英国军舰组成的威风凛凛的船队，渐渐驶入了人们的视线。领航的那艘，正是英国"皇家查尔斯"号，乘它而来的是葡萄牙国王胡安四世的女儿凯瑟琳·布拉甘扎。这位从伊比利亚半岛富裕王室而来的公主，即将要嫁给这里的统治者查理二世。

据说，查理二世是在一大笔嫁妆的诱惑下才同意缔结这场婚姻的。葡萄牙国王曾做出承诺，只要他的女儿能嫁给英王，将会送上五十万英镑的嫁妆。令查理二世极其失望的是，新娘只带来承诺嫁妆的一半数目，而这一半亦大多不是现钱，而是当时葡萄牙的船队泛海世界从各地搜罗而来的"奢侈品"，它包括了美洲的食糖、亚洲的香料、印度的特产。英王没有想到，新娘子还带来了中国的茶及瓷器，其中不可能不包括茶具。

债务缠身的查理二世气得差点要取消这次联姻，而整个国家却都应该

为这次小小的婚骗而感到庆幸。葡萄牙公主没有带足金银，却给这个国家带来了一种迷人的东方味道。这位茶叶皇后把饮茶习俗成功地带到了英国：她把红茶和茶具当作嫁妆，并在婚后推行以茶代酒，掀起英国王室贵族饮中国茶的风潮。

至于葡萄牙人为何热衷于茶，想来必定是与他们当年侵占中国澳门有关。在世界茶叶流通史上，荷兰是第一个将茶作为商品出口的西方国家，其次便是葡萄牙。1556 年，葡萄牙神父克鲁士来华传教，四年后回国，据说正是他将中国茶和品饮方式传入本国，在介绍中国人喝茶时，他说：凡上等人家习惯于献茶敬茶。此物味略苦，呈红色，可以治病，作为一种药草煎成液汁。1610 年，葡萄牙人即在印度尼西亚及日本设有基地，借以直接和东方贸易。1637 年，基地公司的总裁写信给当时驻印度尼西亚的总督，说：由于已经有一些人开始使用茶叶，所以我们期待每一艘船上都能载运一些中国的茶罐以及日本的茶叶。事后，他们获得了所要求的东西。几年之后，中国茶已经成为当时葡萄牙上流社会颇为流行的时髦饮品。

中荷茶贸易

17 世纪中叶，著名的凯瑟琳公主，正是作为葡萄牙公主嫁入英国，成为茶叶文明史上彪炳千秋的茶叶皇后的。

如此，英国人的饮茶风尚，随着这位葡萄牙公主的到来而风靡起来。而伴着他们对茶饮的需求，在海外贸易与开拓上，大英帝国又成就了一连串无比荣耀的事业。

近现代的工业革命给世界带来了一种新饮料，那就是中国古老的茶。工业化带来的大工厂化生产，大批量的工人挥汗如雨地工作，田园牧歌式的时代结束，不再有牛奶喝了，幸亏有了茶。它的解渴性、消毒性、保健性，以及越到后来越能够感受出来的廉价性，得到一个国家中最主力阶层的热烈拥戴。茶曾是富人餐桌上的时尚，如今变成穷人的食粮。

需求产生了商品交易。早在 1637 年，英国商人驾驶帆船四艘，首次抵达广州珠江。英国东印度公司第一次运载 112 磅中国茶回国，此为英国直接从广州采购、贩运茶叶之始。而 1651 年，英国通过航海法，与荷兰争夺海上贸易权，英国获胜，从此开始了英人大规模进口茶叶的历史。

画作里的荷兰茶俗

　　有意思的是茶叶广告。1657年，英国商人托马斯将其在伦敦街头原有的嘉拉惠咖啡店改换门庭卖茶，并贴出了全英国第一个茶叶广告，我们亦不妨称之为世界茶叶史上的第一个茶叶广告：可治百病的特效药——茶！是治疗头痛、结石、水肿、瞌睡的万灵药！

　　接下去，便是茶叶皇后嫁入英伦两年之后的1664年，英属东印度公司献给英王查理二世一批茶叶，此举颇得英王及皇后欢心。想必那时候的英王已经受皇后熏陶，成为茶叶发烧友了。1669年，英国正式批准英国东印度公司专营茶叶，在福建收购武夷山茶，称为武夷茶。

　　1689年，英东印度公司委托厦门商馆代买茶叶150担直接运往英国。1699年，该公司订购的茶叶有优质绿茶300桶、武夷茶80桶。在英国，武夷茶被誉为"东方美人"。它的发音，也由厦门方言"Tay"的读音而来，发"Tea"音。1718年，茶叶取代丝绸成为英国从中国进口的支柱商品。1721年，英输入茶叶首次超过100万磅。为使东印度公司独占茶叶市场，英国下令禁止其他国家茶叶输入本土。1732年，英国第一个茶园沃克斯

装载茶叶的帆船

豪尔开园。1771 年，英国爱丁堡发行的《不列颠百科全书》第一版 "茶"
词条下有这样的记载："经营茶的商人根据茶的颜色、香味、叶子大小的
不同把茶分成若干种类。一般分为普通绿茶、优质绿茶和武夷茶三种。"

　　1834 年，中国茶叶已经成为英国的主要输入品。六年之后的 1840 年，
鸦片战争爆发，当我们温良的 "东方美人" ——茶向西方款款而去时，英
国给我们送来了蛇蝎美人——罂粟花。与此同时，以华茶为下午茶的英国
茶风，亦在此时形成。据说这是因为贵族们的晚餐吃得太迟，到下午四点
左右就开始有饥饿感，一位名叫安娜的贵夫人由此开始推行下午茶，四点
左右，贵族们在沙龙中边喝茶边吃小点心。这种风俗是那样沉醉迷人，以
至于出现了这样的歌谣：到下午四时的钟声响起，那落魄的贵族，当掉了
最后一件外套，便朝那有下午茶的地方而去。

　　17、18 世纪，随着茶叶大量进入英国，英国变成了一个喝茶的国家。

18 世纪初，英国人几乎不喝茶。18 世纪末，人人喝茶。1699 年，茶叶进口量是 6 吨，一个世纪后，进口量升至 11000 吨，价钱则降到一百年前的二十分之一。文人们用极为夸张的语言赞美："感谢上帝赐给我们茶。没有茶的世界是不可想象的。我庆幸没有出生在没有茶的时代。"

有研究者认为，茶叶贸易不仅创造了一个强大的公司，甚至导致一场英国人的饮食革命。为此，一种专为运输东方货物的快剪船应运而生。常常有好几艘运茶的快剪帆船同时从中国出发，以相同的航线驶回伦敦，有很多伦敦赌徒下赌注赌哪一艘船第一个到达。最快的一艘那一船的茶叶价格最高，船员将获得奖金。最著名的竞赛发生在 1866 年，当时四十艘船同时离岸，几乎是齐头并进地驶向目的地。经过九十九天的航行，"阿奈尔"号（the Aeriel）、"太平"号（the Taeping）和"塞里卡"号（the Serica）同时靠岸。而最后的一次运茶比赛发生在 1871 年，那时蒸汽船已替代了大多数快剪帆船，并且苏伊士运河已经开放，欧洲与亚洲之间的航程也缩短了几个星期。

一个危险的走私茶的时代也随之到来。谢菲尔德勋爵（Lord Sheffied）抱怨他的庄园严重缺少农工，因为瑟塞克斯一带的"精壮劳工都去搞茶叶走私了"。当然，参与走私的不仅是那些扛茶叶包、一周挣一个几尼的劳工，还包括那些在客厅里沏茶招待客人的贵族。茶逐渐演变成英国的民族饮料，一种遥远的、昂贵的、略带苦涩味道的树叶，竟让整个国家上上下下为之癫狂，而这一与国计民生休戚相关的命脉之饮，全靠中国人提供，这让英国人很不爽。1782 年，英国贵族马戛尔尼率英国使团来中国为乾隆祝寿，借机想打开中国大门，未果，只带回了很多中国皇帝送给他们的礼物。他们沿运河南下之际，在浙江与江西交界处，他们找到了优良的中国茶树种。马戛尔尼给资助他们的东印度公司总裁写信，激动地说，哪怕这次就只找到了茶树，其价值也远远够来中国一次。遥想他们英国可以自己产茶的未来，曾经担任俄国公使的马团长喜不自禁。

　　茶树被种到了印度加尔各答的植物园中，他们又从中国找来茶农，经过许多次反复试种，终于成功地在英国殖民地印度试种了中国茶叶。我们今天喝到的立顿红茶等，就是在这个基础上发展起来的。看一看当时的英伦茶业吧。1864 年，阿尔莱蒂德（Aerated）面包公司伦敦桥分店的女经理突发奇想，决定在她商店的后面开放一间房间用作公共茶室。她的冒险计划获得巨大的成功，以至于其他出售各种商品（从牛奶到香烟、茶叶和蛋糕等）的公司很快纷纷效仿，整个伦敦和其他英国城市突然冒出了很多茶室。茶室的流行，吸引了来自各个年龄段和各个阶层的顾客。茶室提供各种热的、冷的、甜的和独具风味的食物以及廉价的茶壶和茶杯，同时还播放音乐以供顾客娱乐。爱德华时代（1901—1914），出去饮茶成为一种时尚。当时伦敦其他地方新开的时髦旅馆，开始在它们的休息室和棕榈庭院提供时兴的三道午茶。在那里，弦乐器四重奏和棕榈庭院三重唱为它们悠闲的主顾创造了一种宁静和优雅的气氛。

如今，下午茶成为了一种时尚（林陌／摄）

1913 年，下午茶还增加了一个丰富多彩的活动——茶舞，这一奇异的活动是随着狂热而被一些人认为有伤风化的探戈舞从阿根廷进入到英国而产生的。吃茶点的时候组织舞会，这种时尚被认为起源于法国的北非殖民地。如同 1910 年暴风骤雨般占领了伦敦的舞蹈世界的探戈舞一样，茶舞也成了人人喜爱的活动。全伦敦的戏院、餐厅、旅馆都成立了探戈舞俱乐部，开办探戈舞蹈班以及举办茶舞舞会，而茶舞也因此成为了一个随处可见的活动。伦敦报纸以"探戈茶点变得越来越疯狂"为题列举了"一千五百种探戈茶点"，而且作了"人人都跳着探戈"的报道。

第二次世界大战后，社会模式和人们的生活方式发生了改变，喝鸡尾酒成为最时髦的人士新的时尚。20 世纪 50 年代，快餐店和咖啡吧的出现导致了外出喝茶这种生活方式的衰退。今天的伦敦街头，已很少看到茶室，但英国人还继续保留着在家和在工作场所喝茶的习惯。

有一年秋天我去英伦，在皇家植物园，惊喜万分地看到了一株茶树，它长得既不高，也不密，仿佛去国万里，神情忧郁，营养不良。但它毕竟是一株茶树啊，这让我想起了在大英博物馆看到的饮茶皇后凯瑟琳的画像，还有 20 世纪末英国女王伊丽莎白来上海城隍庙喝茶的情景。英伦茶风虽然从中国吹来，却已经成为英国文化中极为重要的精髓部分。它再吹回东方之时，亦广泛而又深刻地影响着今天喝茶的中国人。

第三十届奥运会上，高迈的女王是一定要出场的。庄严的国礼之后女王回到宫中，想必也会和她的人民一样，边品下午茶边看赛事吧。而全世界三分之二喝茶的人们，如果都能够和平地边喝茶边看赛事，那么，奥林匹克旗帜也就真正地高高飘扬了。奥运精神的真谛，难道不正在这里吗？！

首陽餓夫毅諫於兵沸之
時方金鳥揚湯骸探其沸
者幾希子之清節獨以身
試非臨難不顧者疇見爾

贰壹

茶者神圣
—— 当代茶圣吴觉农

我从事茶文化教学工作，已经很多年了，每一届学生入学或毕业，我都会对他们推荐和朗读这段语录："我从事茶叶工作一辈子，许多茶叶工作者、我的同事和我的学生同我共同奋斗，他们不求功名利禄升官发财，不慕高堂华屋锦衣美食，没有人沉溺于声色犬马、灯红酒绿，大多一生勤勤恳恳、埋头苦干、清廉自守、无私奉献，具有君子的操守，这就是茶人风格。"这是当代茶圣吴觉农先生对他的学生们讲的一段话，也是我的人生座右铭。

最早知道吴觉农先生其人，是我 1989 年底调入中国茶叶博物馆参与布展时。茶史厅后期的陈列部分，不但有吴觉农先生的题词、照片，更有吴觉农先生的一尊头像。那题词，便是著名的"中国茶业如睡狮一般，一朝醒来，决不至于长落人后，愿大家努力吧"。我常常在题词前走来走去，听馆里同志说他刚刚去世不久，是中国当代茶圣。

青年时期的吴觉农

被誉为"当代茶圣"的吴觉农先生（1897—1989）是中国茶业复兴、发展的奠基人，是中国现代茶学的开拓者，是享誉国内外的著名茶学家，更是中国茶界一面光辉的旗帜。他为振兴华茶艰苦奋斗了七十二个春秋，在长期实践中形成的吴觉农茶学思想，为中国现代化茶行业作出了历史性的伟大贡献。

1897年，吴觉农出生于浙江茶区上虞丰惠镇，他从小对茶产生兴趣，中国半殖民地半封建社会的残酷现实，使吴觉农立志要革新中国茶业。1919年，吴觉农赴日本留学，专攻茶学，发表了《茶树原产地考》、《茶树栽培法》和《中国茶叶改革方案》三篇论文。在二十五岁时，他便分析了中国茶叶出口的历史，并从栽培、制造、贩卖、制度和行政、其他的关系等方面剖析了华茶失败的根本原因，同时提出了培养茶业人才、组织有关团体、筹措经费、分配茶税等振兴华茶的根本方案。

1922年，吴觉农从日本留学回国，直到1931年才进上海商品检验局，开始从事茶叶专业工作。1935年和1937年，他和胡浩川、范和钧分别合作出版了《中国茶业复兴计划》和《中国茶业问题》两本茶学名著和一批有关茶叶生产与对外贸易的重要论文。20世纪40年代，吴觉农学习了苏联早期农业经济学论，结合中国茶业实际，提出了战时茶叶管制政策和之后的茶叶统购统销政策，最后形成了比较系统的适合新中国初期计划经济体制需要的吴觉农茶学思想。

20世纪50年代至60年代，由于时代的某种错位，吴觉农在长达二十六年的时间里（1951—1977），仅发表了一篇茶学论文，即《湖南茶业史话》。1978年之后，年逾八十的吴觉农，以中国农学会和中国茶叶学会名誉理事长的身份，热情满怀地回到久违的茶叶战线。1987年，吴觉农发表了他一生中最后一部具有重要学术价值的著作《茶经述评》。这部被誉为"20世纪新茶经"的学术著作，在茶学发展史上具有里程碑意义。

综观吴觉农先生一生茶业功绩，可总结为以下十条。

一是首次全面论证、提出中国是茶树原产地；二是最早提出中国茶业改革方案；三是倡导制订中国首部《出口茶叶检验标准》；四是在中国高等学校中创建了第一个茶叶系；五是创建第一个国家级的茶叶研究所；六是最早提倡并在农村组织茶农合作社；七是主持翻译世界茶叶巨著《茶叶全书》；八是组建新中国第一家国营专业公司——中国茶叶公司；九是主编"20世纪新茶经"《茶经述评》；十是倡导建立中国茶叶博物馆。

我特别要强调的是，1989年，以吴觉农为首的二十八位全国著名茶人签署的《筹建中国茶叶博物馆意见书》，有力地促进了中国茶叶博物馆的建成。那年年底，我调入了该馆，开始了我的事茶人生。我可以清晰地断定，如果没有中国茶叶博物馆，我就不会专门从事茶文化研究，我的命运与吴觉农先生的伟大贡献，是紧密地联系在一起的。

20世纪90年代初，我为央视撰写大型电视专题片《话说茶文化》一稿时，其中专门有一集，是讲述当代茶圣吴觉农的，后来也以此稿为基础，

写过一些介绍吴觉农先生生平的短文。因为上虞离杭州不算远，汽车一小时就到，我也曾在 20 世纪 90 年代中期专程去过一趟上虞，就住在吴觉农先生的学生、老茶人刘祖香先生家中。刘老陪我去了三界茶场，感受了吴觉农先生当年在这里留下的足迹。我在吴觉农先生居住过的地方的一口井旁留影纪念，又去了刘老当年在吴觉农先生支持下开辟的茶场——在此之前，我还从来没有领略过如此壮观的茶园。

吴觉农的出生地上虞丰惠镇我是早就去过的，那的确是一个古老的茶乡。归途中，我模模糊糊地想过，如果有可能，我也许会对吴觉农先生事茶的一生做一个较为完整的叙述。

20 世纪 90 年代初期，我有机会去北京走访吴觉农先生家，见到吴觉农先生的夫人陈宣昭和哲嗣吴甲选，对其生平、性格及其对茶叶的贡献也就有了更深的印象。我与当代茶圣一家，因为茶缘之故，从此建立了一份自然亲切的信任与友情。在我的小说"茶人三部曲"第一部《南方有嘉木》中，已经有一段涉及了吴觉农求学东瀛之际的经历，很短。但是在第二部《不夜之侯》中，整个序言大部分内容是以吴觉农20世纪30年代的茶事活动展开的。小说写到了抗日战争期间的以茶易武器，写到战时的茶叶统购统销政策，在写到了复旦大学茶学专业的建立时，甚至还直接引用了一段吴觉农在复旦大学的讲话。记得与此同时，电视连续剧《南方有嘉木》筹备开拍，作为编剧，我还特意设计了一场在日本吴觉农因为茶事与日本人打起来的戏份。我知道生活中的吴觉农是高个子，体育很棒，身手矫健，所以设计了他几拳把污辱中国人的日本人打得鼻青眼肿的情节。惜乎导演未用，否则，我们的当代茶圣在荧屏上自有一番风采。

1995年，我开始陆续发表一组以"爱茶者说"为主题的随笔，写到吴觉农这一篇时，特意又重读一遍《吴觉农选集》。那是一个深夜，在读到《中国茶业改革方准》的结尾部分时，我突然惊跳起来，恍然大悟，原来我早已背得滚瓜烂熟的吴觉农的题词，却是出自他二十余岁时的这篇重要的茶学论述中。

在将近半个多世纪之后，为什么吴觉农还会想到要用这一段文字来作为对后人的激励呢？那个夜晚，我的确想得很多，茶史厅最后的陈设板块就是四个字：薪尽火传。我和吴觉农先生之间，不正是这样一种源远流长的关系吗？中国茶叶博物馆正是在吴觉农九十华诞时倡议建立的，而我也是因为筹建中国茶叶博物馆才调入其中的，调入茶博馆，与茶叶的关系密切了，我才选择茶人作为题材进行创作的。

我隐约地感觉到，和吴觉农这位当代茶圣的关系，并不会因为我调离中国茶叶博物馆归队文学而结束，我的茶人生涯还会有下文。

就这样，终于到了写《茶者圣：吴觉农传》的时候。撰写这部传记的过程，是我再一次认识吴觉农，再一次接受中国优秀的传统文化教育的过程。诚如刘修明先生在《茶人、茶品和人品》一文中所说的那样：学者与茶人高尚的人格力量成就了他的学术，他的学术又同中华民族的独立解放事业合辙。

至少有那么几点认识是我在撰写此书过程中日益深化的。一是吴觉农先生让中国当代茶人产生高山仰止般崇敬的原因。吴觉农与许多自然科学家的最大不同，在于他早年从茶学起步的同时，也开始走入社会学家的行列。他一生都过着一种双管齐下的生活，他把社会科学与自然科学结合得如此天衣无缝，并天才般地形成实践思路，完全地投身于中华民族的茶业之中，他那以艰苦卓绝的努力而达到的成就，是单纯在自然科学领域里研究的学者绝不可能达到的。这一体会是我在多年来研读《茶经述评》时越来越深地感受到的。《茶经述评》多层次、多角度地体现了吴觉农茶学精神的博大。这部书重叠了那么多信息，文化的、文学的、民俗的、政治的、经济的、国际的、国内的、植物学的、生理学的、药物学的、茶学的，一个单纯研究茶叶的人绝对到不了这样的深度和广度。这部书，是当得起"博大精深"这个评价的。我还有一个体会，吴觉农的文字叙述之好，让我这个以文学为生的人深深感慨。说实话，如果他当年放下茶学，专心以卖文为生、出版为业，他今天也必定是这一行中的大家。

我们知道，一般学者的事业发展途径，往往是先确立一门学科作为其主攻方向，待取得一定成就、有社会知名度时，又开始承担起一定的社会责任，以知识分子的立场对社会发言。也有相反的，青年时代投身于社会政治的实践，然后返身于学术，成就一代大家。而如吴觉农那样，从事业起步时就左右开弓，两套武器同时开打，而相互之间不但不互相干扰，而且互相支持、互相促进，同时到达高峰，这是很罕见的现象，是值得我们今天的人来认真思考的。

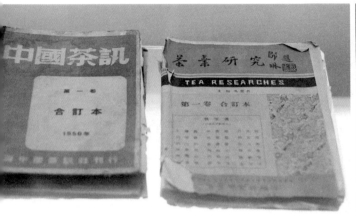

在撰写此书过程中日益感受到的，还有吴觉农先生与茶相通的那种精神。吴觉农先生无疑是一个爱国主义者，但他的精神品格中也有儒家文化，以及浙东学派中义利并重、农商皆本的价值观的传承。中国思想史上的浙东学派是有着其深刻的实践意义的，明末黄宗羲就是上虞、余姚一带人，浙江的文化传统中因此而有着即知即行、创利为荣的要素。这一思想深深地影响着吴觉农，所以吴觉农的爱国主义并非书本上的爱国主义、口号上的爱国主义、实验室里的爱国主义，他的爱国主义精神，体现在了每一片茶叶身上，深入到每一个茶人心里。

吴觉农是一个有大爱的人，因为有大爱而有大抱负，真是天降奇才于中华茶业。若无此爱，你根本无法想象，在抗日战争爆发的最艰苦的岁月里，华茶的生产和销售不但没有随着战争而凋零，反而达到了新的高度。若无对祖国的大爱，你根本不能想象，他开拓了那么多的新领域：茶学教育、茶学科技、茶叶销售、茶业产地检验、茶文化研究……中国历史上和现代社会里绝不乏爱茶之人，但把爱茶与爱国、爱我中华民族完完全全地重叠起来，为之奋斗、呼号、呕心沥血、惨淡经营，屡战屡败、屡败屡战，

直至看到光明到来的，我以为，当今中国茶人，觉农先生为第一人也！

越是深入地了解吴觉农先生，就越景仰他的品格。但在敬仰之余，不免还是感到悲凉。尽管在有关吴觉农先生的资料里面，我并没有找到他内心片刻的沮丧和那英雄报国无门的悲凉，但我还是从他漫长一生的经历中，读出了"无奈"二字。吴觉农的青年时代，是最水深火热的年代。当他立下茶业救国的志向时，他和那个时代的青年一样，不能够实现自己的抱负。他一生中最集中、最可留恋的事茶岁月，就要算是在上海商检局的那六七年了，他晚年回忆起这段岁月，也以为那是他事茶生涯中较为愉快的时光。即便如此，像吴觉农这样无党无派、没有家庭背景、从农村出来的知识分子，并不能够真正实现自己的理想，反而常常处在受排挤和冷落之中。不说别的，就是在他的倡导和操持之下才成立起来的中国茶叶公司，真正掌权的也不是他，而是并不真正懂得茶叶之人。为了抗日，他在香港筹建了富华公司，但富华公司最终还是被有背景的人所把持。他筹建了复旦大学农学院茶学系，虽然当了系主任，但依旧受到学校右翼势力的排挤。他最终受到国民党当局的怀疑，好不容易去了武夷山中专心研究茶叶，在取得很大成就之后，抗日战争胜利，一纸公文，不但研究所被解散，连自己的工作也失去了。

新中国成立之后的前几年，吴觉农感觉到华茶复兴的时代到来了，他在那几年所做的工作，可以说奠定了新中国茶事业的基础。但正当他年富力强、茶叶事业顺利发展的时候，他违心地辞去了茶叶公司总经理的职务。我曾就此采访过许多人，大家都说不清楚究竟是什么原因，便统归于大环境。把茶视为生命的人，却一刀把自己与茶切开，这究竟是为了什么呢？

1956年，他卸任农业部副部长，从此，连间接地关注一下茶，也要顾忌不在其位却谋其政了。你要迈步向前，偏偏就有许多不可逾越的障碍。有多少中国知识分子在当年极左思潮的影响下，一生夙愿未偿啊。

好在吴觉农长寿，他等到了改革开放时期。八十岁以后的十年中，老茶树吐露出芳香。他一生中的两大重要茶事就诞生在他生命中的最后十年，一是他倡导的中国茶叶博物馆建立，二是他主编的《茶经述评》出版。晚霞如此灿烂，晚年成果如此丰硕，这恐怕也是一般人所难以展现的后劲吧。中国茶叶博物馆自1991年开馆以来，已发展成为中华茶文化的展示中心、茶文物收藏的专业场所、茶文化研究与普及的重要平台和未成年人素质教育的重要基地，是目前中国唯一一家国家级茶文化专题博物馆。

希望喝茶的中国人都能记住吴觉农这个名字。当我们捧起茶杯时，不要忘记，那里面有着他散发的馨香。

司職方

贰贰

⋮茶谱彩虹

——琳琅满目的茶类

当我们的茶叶故事讲到尾声之时，我们已经知道茶的来龙去脉，我们也已经在茶的纯自然属性中窥探到了最奥妙的人文意趣。

在述说了茶的有关种种后，让我们再回到茶叶自身中来。

我们知道茶可分类，且种类繁多。

按茶树形态：有茶的侏儒——1米来高的灌木，有茶中巨人——高达十几米的乔木，有叶长数寸以至盈尺的"大叶种"，有长不过寸把的"小叶种"，有形状如瓜子的"瓜子种"，还有形如其他植物叶状的"枇杷种"、"柑叶种"、"佛手种"、"竹叶种"、"柳叶种"等。

按茶芽性状分：有呈紫色的"紫芽种"，有芽心红色的"红心种"，有色似胭脂的"胭脂种"，有显青的"青心种"；芽毛多的，叫"白毫种"或"白毛茶"；发芽早的叫"早芽种"、"黄叶早"、"早白尖"，发芽迟的叫"迟芽种"——它还有富有诗意的名称，叫"梦茶"、"不知春"，俗称又叫"聋子茶"。

径山茶

碧螺春

按茶树枝条来分："藤条茶"枝蔓如藤条，"奇曲茶"枝曲呈 S 形。

按香气来分："水仙种"香若水仙，"肉桂种"香如肉桂，"桃仁种"香如桃仁。

中国茶叶界有句行话：茶叶学到老，茶名识不了。

中国究竟有多少名茶？闻名中外的大约也有百多种吧，它们有各自的兴衰史，有的曾经失传，现在又被挖掘出来，有的从来不曾面世，是新创制的。

名茶的形状，千姿百态：有的纤细如雀舌，有的含苞像鸟嘴，有的挺直赛针松，有的卷曲成螺形，有的浑圆似宝珠，有的满身拉银毫，有的紧压类砖饼，有的碎屑如梅片。海外朋友告诉我说，国外大多喝红茶和乌龙茶，很少喝绿茶。其实红茶是近代发展起来的茶类，按时间推论，出现是较晚的。中国茶类丰富，从商品茶类角度说，可以归为六大茶类。

绿茶：绿茶不发酵，顾名思义，色泽呈绿色。形状像眉毛的，叫眉茶；像珠子的，叫珠茶；细微，两叶夹一芽，像鸟嘴里伸着舌头的，叫雀舌；有的像一旗与一枪，就叫旗枪；有的制成扁形，比如著名的龙井茶，传说是乾隆皇帝亲自采了，茶芽夹在书里压扁了，后来茶农据此仿制的；还有的旋转如螺，如碧螺春；有的像瓜子，如六安瓜片；有的制成一大团花，就叫"绿牡丹"。名茶种种，都有美丽的名字，这些名字常常和神话

西湖龙井

顾渚紫笋

传说连在一起，和名山名水连在一起。

绿茶品种制法各异，这之间的区别就极其微妙。反映在品质上，龙井有豆花香，碧螺春有瓜果香，惠明茶有花粉香，猴魁茶有兰花香……要体味识别，只有十分敏感、训练有素的能人方能做到。绿茶茶汤清亮，叶绿，喝完了茶，那茶叶躺在杯底，看着让人心疼，舍不得扔。所以清代曾有个著名茶痴杜濬，每每喝完了绿茶，就把那茶渣"检点收拾，置之净处，每至岁终，聚而封之，谓之茶丘"，还特意写了一篇《茶丘铭》："吾之于茶也，性命之交也。性也有命，命也有性也。天有寒暑，地有险易，世有常变，遇有顺逆……吾好茶不改其度，清泉活水，相依不舍，计客中一切之费，茶居其半，有绝粮无绝茶也。"

喝绿茶的文人多，陆羽称之为"清饮"，所以当代茶人开玩笑把喝绿茶的称为"绿茶阶级"。这个阶级多少带点贵族气，因为绿茶中名茶众多，比较名贵，品茶者又须是有较高审美能力的人，最深厚的修养在最细微的趣味辨别上见功夫。中国人的气质和绿茶相通，所以喝绿茶者众。我常想，倘若有一天欧洲人也能像中国人那样品饮绿茶，那么，东西方文化在茶文化领域里，才算是真正交融了。

红茶：红茶自然是红的，是制作过程中经过全发酵的茶。红茶一般分为三大种：功夫红茶、红碎茶和小种红茶。传统红茶中祁红很有名，祁红是祁门红茶的简称，为红茶中的珍品。它百年不衰，以其高香形秀著称，并蕴藏有兰花香。这种香味被国内外茶师称为砂糖香或苹果香，国际市场上称之为"祁门香"，老外们都认这个牌子。正山小种也是正宗老牌子，还有英红和滇红，也都是红茶中的上品。近些年来，红茶界杀出一匹黑马"金骏眉"，是小种红茶的现代版，喜欢喝茶、收茶和藏茶的人家，没有一个不认这个牌子的。

绿茶怎么会变成红茶呢，据说还是很偶然的，那都是近代的事了。我们得从正山小种说起。正山小种有烟熏味，英国人特别喜欢这一款，它诞生在明代福建武夷山区的桐木村，被称为世界红茶的鼻祖。那时的桐木村人，同中国其他地区的茶人一样，也在积极仿制安徽的松萝绿茶。然而，

明清祁红茶号茶票

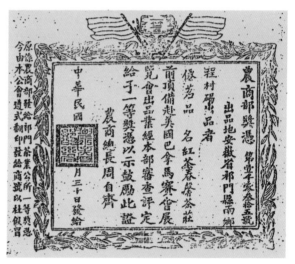

巴拿马万国博览会祁红金牌和奖凭

滇红

正山小种

一个偶然事件改变了一切。某个采茶季节，一支军队路过桐木村强行驻扎，村民们都跑光了。晚上，士兵们就睡在盛了绿茶鲜叶的麻袋上。士兵们走后，茶场主人回来，一看，茶叶发酵了，舍不得扔。村民无奈之下将茶叶揉搓后，用当地盛产的马尾松来烘干，制成后的毛茶乌黑，全无绿茶的色泽，只好挑到45公里外的星村茶市贱卖。不料第二年竟有人以两三倍的价格，专程前来定制这款"失败"的茶。就这样，桐木村人无意间，创造了日后征服全世界的红茶，洋人喜欢，大量收购。英国人是最爱喝红茶的。中国人发现红茶暖胃，有的老茶人，冬天喝红茶，夏天喝绿茶，白天喝绿茶，晚上喝红茶。

现在，红茶成了世界生产量最多的一种茶类了，80%的茶叶市场属于红茶。红茶属于全发酵茶，保质期长，甚至有人认为陈年红茶香气更加醇厚。红茶汤色鲜亮，酷似西方人钟爱的红酒。红茶包容性强，不仅可以加糖和柠檬，还可加奶、肉桂、玫瑰花，包括果酱，甚至加冰、加酒，红茶里加什么都不难喝。以绿茶为本的中国茶传统，经此演变而成为五味杂陈的红茶故事。而这红茶的种植和制作技艺，就成为西方植物学家、商人觊觎的珍宝。

大红袍

冻顶乌龙

南岩铁观音

乌龙茶：乌龙茶特别香，是半发酵茶，产于福建、广东、台湾一带。你甚至可以从其制作方式上看出它巨大的涵盖面。它不似绿茶般极端的不发酵，也不是似红茶般极端的发酵。它是三红七绿半发酵，它是绿叶镶红边。总的来说，乌龙茶是不偏不倚的中庸之茶，沾了红与绿这两端。它是活的，因为中庸是最安静而又最活跃的，是只可意会不可言传的。

东方人喜欢喝乌龙茶，我们常常会看到明星们在电视里做广告，说他们之所以那么苗条，就是因为喝了乌龙茶，一时兴起了乌龙减肥茶的热潮。

乌龙茶可以泡功夫茶喝，那是一种很讲究的喝法。我们现在知道的乌龙茶名茶，一般有大红袍、铁观音和冻顶乌龙等。中国著名乌龙茶之一安溪铁观音，产于福建省安溪县，一年可采四期茶，分春茶、夏茶、暑茶、秋茶。它具有独特的品味，叶底肥厚柔软，艳亮均匀，叶缘红点，青心红镶边，汤色金黄，回味香甜浓郁，冲泡七次仍有余香。

武夷山的大红袍特别有故事。从18世纪开始，武夷茶几乎成了中国高档外销茶的代名词。很长一段时间，西欧人习惯把华茶称为武夷。1908年，武夷岩茶曾到达全盛时期，年产量五十多万斤。那著名的五大名丛，以大红袍挂帅，铁罗汉、白鸡冠、半天腰、水金龟挨次，为华茶挣得了那一份光荣。

今天的武夷茶大红袍，已经完全被神化了。这是三百五六十年前的茶树啊！因为生在天心岩九龙窠，一共才六株。至于"大红袍"何以为"大

安吉白茶

红袍"，又有多少神奇故事呢？传统中国人人生有两大幸事——洞房花烛夜、金榜题名时，大红袍助了那一件更难的"金榜题名"。说是有个秀才赶考，病卧武夷山寺，僧人以此茶进之。秀才病好，金榜高中，取自己身上的大红袍披在茶树身上，以谢再造之恩。是的，人们需要一些神性的东西作为人类的永恒伴侣。为了保护大红袍，20世纪的上半叶，曾经有一支小型的军队专门为它站岗放哨。现在，人们委派了一家农户专门负责守护它。

冻顶乌龙被誉为台湾茶中之圣，产于台湾省南投鹿谷乡，冻顶为山名，乌龙为品种名，属轻度半发酵茶。冻顶茶品质优异，在台湾茶市场上居于领先地位，其上品外观色泽呈鲜艳的墨绿色，并带有青蛙皮般的灰白点，条索紧结弯曲，干茶具有强烈的芳香。冲泡后，汤色略呈柳橙黄色，有明显清香，近似桂花香，汤味醇厚甘润，喉韵回甘强。

白茶：白茶是选用芽叶上白茸毛多的品种制成的。白茶的颜色，色白如银，不像绿茶那样苍绿，不像红茶那样深红，不像乌龙茶那样紫褐。它是一种昂贵稀少的历史名茶，有过许多美好的名字：瑞云祥龙、龙团胜雪、雪芽，宋代贡茶中就有它。

制作白茶是一种古老的工艺，白茶茶叶完全依靠阳光晒制完成，最大程度地保留了营养成分和药用价值。它是六大茶类中最先被制成的茶。古人在周朝就采取了"晒干或阴干"这种与制作现代白茶相类似的方式，对茶叶进行简单加工，保存茶叶以备祭祀、治病、静修、品饮等不时之需，我们称之为古白茶。

我们中国人的白茶，以福建的福鼎白茶为代表。太姥山位于福建省福鼎市正南，挺立于东海之滨，三面临海，一面背山。北望雁荡山，西眺武夷山，三者成鼎足之势。相传尧时老母种兰于山中，逢道士而羽化仙去，故名"太母"，后又改称"太姥"，太姥山算是佛道圣地。古代高人隐士，道佛仙家，几乎都与茶结缘，大多都是制茶和品茶的高手。圣山总是要有一些圣物的，一棵古老的白茶，便成了圣树。以太姥山白茶为核心而不断演绎出来的茶文化，就是太姥山文化的重要组成部分。

今天，太姥山的这株白茶，有个美妙的名字：绿雪芽。每隔一段时间，山顶白云寺的和尚都要为这棵古茶树除去地衣，清理害虫。这棵神树显然有许多神话围绕，其中最负盛名的当数尧时太姥娘娘种植仙茶救治小儿麻疹的传说，这是一个历代口传不辍和各种札记皆有记载的神话传说。这个神话传说虽已无法考证确切年代，但它至少能够说明两点。其一，太姥山种植茶叶的历史极为悠久，综合其他史料也能得到间接证明。其二，很早以来，人们就已经基本掌握太姥山白茶神奇的保健和药用功效，这也就奠定了太姥山白茶在当地长盛不衰的社会基础。

随着绿茶等其他种类的茶品出现，原始的古白茶便不再是主流茶饮，渐渐地淡出历史舞台。幸亏，那些隐身崇山峻岭中的太姥山原住民们，默默地将这种原始的茶叶加工方式保存了下来，并延续了千百年。清嘉庆元年（1796年），福鼎茶人看到白茶的潜在商机，特意向太姥山人学习古白茶制作工艺。至今，太姥山鸿雪洞的旁边，这株福鼎大白茶的始祖绿雪芽

君山银针

古茶树仍顽强地生长着，它的子孙已遍布大江南北。我们游览太姥山时，可别忘了品饮一杯原产于太姥山的福鼎白茶，品赏它"银妆素裹"的身姿和"清醇鲜爽"的汤味之余，感受传承了三千年的太姥山茶文化。

黄茶：黄茶属轻发酵茶，其特有的闷黄工序是形成黄茶"黄汤黄叶，滋味甜醇"品质特征的关键。现代人喝黄茶很少了，物以稀为贵。如今，只有四川蒙顶山、湖南洞庭湖、安徽大别山等地才有少量生产。湖州德清的莫干山，有一种茶名叫莫干黄芽，也是黄茶。四川雅安蒙山也有一种黄茶，名叫蒙顶黄芽，制作起来非常精致。冲泡的黄茶，黄叶黄汤，甜香浓郁，温厚平和，是茶中上品。但是，由于工艺复杂，只有经验丰富的高手，才能把握每一道工序的火候，稍不留神就功亏一篑，浪费了珍贵的原料。所以，从古至今，黄茶都产量极低，更鲜为人知，君山银针便是黄茶之一种，始于唐代，清代纳入贡茶。君山为湖南岳阳县洞庭湖中岛屿，君山茶分为"尖茶"、"茸茶"两种。"尖茶"如茶剑，白毛茸然，纳为贡茶，俗称"贡尖"。君山银针茶香气清高，味醇甘爽，汤黄澄澈，芽壮多毫，条真匀齐，着淡黄色茸毫。冲泡后，芽竖悬汤中冲升水面，徐徐下沉，再升再沉，三起三落，蔚成趣观。有人说，《红楼梦》里贾母喝的老君眉，就是君山银针，不知确否。

普洱散茶

黑茶：黑茶属后发酵茶，原料一般较粗大，按产地分，有湖南黑茶、湖北老青茶、四川边茶、滇桂黑茶等。黑茶大多会被制作成紧压茶，紧压茶经蒸压而成，是最古老的团饼茶。相对而言，紧压茶叶的原料不那么讲究，它可以做成砖状、饼状、碗状、球状等各种形状，制成后便于长途运输、保存，不易变质，可以存放好多年不坏。中国边疆的少数民族是爱喝紧压茶的，这种粗犷的茶便于携带，又能去食物油腻，符合游牧民族的口味。现在风靡中国的普洱茶，属于云南黑茶。

普洱茶，亦称滇青茶，因原运销集散地在云南普洱县，故此而得名，距今已有一千七百多年的历史，分散茶与紧压茶两种。芽叶极其肥壮而茸毫茂密，具有良好的持嫩性，芽叶品质优异。其制作方法分杀青、初揉、初堆发酵、复

饼茶

揉、再堆发酵、初干、再揉、烘干八道工序。其品质特点：香气高锐持久，带有云南大叶茶种特有的独特香型；滋味浓强，富于刺激性；耐泡，经五六次冲泡仍持有香味；汤澄黄浓厚；芽壮叶厚，叶色黄绿间有红斑红茎叶，条形粗壮结实，白毫密布。

有一段时间，普洱饼茶被炒作得不像茶，反倒像文物了，价格贵到不可思议的地步。如今消费者虽然已经理性多了，但普洱茶雄风依旧，是人们十分青睐的茶。

最大的普洱茶饼

茉莉龙珠

除了六大茶类，花茶也有必要在此做一番介绍。

花茶：花茶是用茶叶和含苞欲放的香花窨制而成的。茶性易染，和花一起，就沾了花气。花是香花：木樨、茉莉、玫瑰、蔷薇、兰蕙、菊花、栀子、木香、梅花等。花茶在宋代已经发明，明代书中均有记述，但真正大批量地生产花茶，应该说是近两百年来的事情。北京人从前爱喝花茶，称其为香片，河南、河北、山东、山西、天津人都爱喝花茶，花茶便成为中国内销茶的一大茶类。苏州、杭州、福建的花茶都很有名。有首著名的苏州民歌："好一朵茉莉花 / 好一朵茉莉花 / 满园的花儿香不过她 / 我有心摘一朵戴 / 又怕种花的人儿骂……"花茶富有江南的妩媚，喝茉莉花茶时听这首歌一定很美。

茉莉花茶又叫茉莉香片，诺贝尔文学奖得主智利诗人聂鲁达曾说："从中国的花茶里闻到了春天的气息。"茉莉花茶是将茶叶和茉莉鲜花进行拌和、窨制，使茶叶吸收花香而制成的，茶香与茉莉花香交互融合，"窨得茉莉无上味，列作人间第一香"。茉莉花茶使用的茶叶称茶胚，多数以绿茶为多，少数也有红茶和乌龙茶。

花与茶的结合过程，观照到人类身上来，倒是和两性的结合颇有几分相像的。听行家说，制作一次花茶，花要六次和茶掺和在一起，而且，那花，一朵朵含苞欲放，真正是花的处女呢。和茶结了婚，也就像入一回洞

各种花茶用花

房，待那香气被茶吸收了，立刻把憔悴的花儿筛出，扫进畚箕里面，就被送出了大门。然后，第二个处女又进了门，这样六次，被筛出的花儿，真的就可以堆成一座小山了。那喝茶的，都道花茶好喝，谁知花儿还有这么一番经历呢。都说花儿是最娇贵的，这时的花儿，为了人类的口福，竟然也有着这样大无畏的牺牲精神。

花茶制作，有时也没那么复杂，却是十分有趣味的。沈三白的《浮生六记》里有一例，说的是那爱喝茶的人儿在夏日里，先把茶用干净纱布包起来扎好，趁傍晚荷花瓣子尚未收紧之时，把茶放入花心，待叶子收紧了，再用线扎了花瓣，等次日太阳升起，花瓣打开，茶吸了一夜的花香，早已是茶香花香分不清了。

就像在饮食上出现了快餐一样，饮茶上也出现了速溶茶、瓶装茶、罐装茶、冰茶。这些快餐式的茶简单快速，迎合当代商品社会的时尚，口味有的相当不错，只是那种品饮冲泡的快感和愉悦却消失了。一种进步蕴含着另一种退步，中国古代的哲人对此是早有议论的，今天人们把它称为辩证法。不过人们还是在不断地接受新的饮茶方式，创制新的茶类，茶谱的彩虹，会越来越绚丽多彩的吧。

互鄉一子聖人猶且與其
進況端方質素經緯有理
終身涅而不緇者岋孔子
之所以與潔也

尾声

现在，当这部通俗和简约的茶文化随笔，从我手中脱稿时，那片有锯齿边的绿茶叶，又一次浮现在我的眼前。

虽然现在全世界有五十多个国家种茶，全球有三分之二的人饮茶，但对中国人而言，茶，绝非仅仅是包括咖啡、可可在内的世界三大无酒精饮品之一这一评价可以囊括的。茶，因其和人类特有的亲和关系，尤其是和中国人特有的血缘关系，形成了独具的广泛而又深邃的精神观照。因此，茶于我们而言，既是物质的，又是精神的，她蕴含着中国人特有的文化内涵。了解中国茶文化的过程，也就是在某个层面上了解中国历史、中国文化和中国人灵魂的一个过程。

由于近代中国发展的特殊性，这个东方文明古国在世界各国眼中，一度变得遥远了，它的高深的形而上的思想也随之而成了某种难以破译的古怪符号。今天的中国，已经是一个面向全球敞开胸怀的国家，如何通过茶这个朴素自然的媒介，来讲好中国故事，来达到某种程度上的文化交融和对话，正是中国茶人的使命所在。如何认识这样一种品格——又热烈又恬静，又深刻又朴素，又温柔又骄傲，又微妙又率直，且让我们从一杯中国茶开始吧。

自17世纪初开始，中国茶叶开始向全世界传播，渗透在中国茶中的中国茶文化精神也随之传播。这种茶文化精神与世界各民族的文化相结合，诞生了百花齐放的茶风茶俗，精神品貌，反馈中国，再次滋养我们。

茶，21世纪的人类饮料。愿世界充满茶的馨香。

责任编辑：林青松　王思嘉

装帧设计：刘　欣

责任校对：王　莉

责任印制：汪立峰

图书在版编目（CIP）数据

茶的故事 / 王旭烽著 . -- 杭州 : 浙江摄影出版社，
2014.8（2020.9 重印）

ISBN 978-7-5514-0653-6

Ⅰ.①茶… Ⅱ.①王… Ⅲ.①茶叶—文化—中国
Ⅳ.①TS971

中国版本图书馆 CIP 数据核字（2014）第 100618 号

茶的故事

王旭烽 著

全国百佳图书出版单位

浙江摄影出版社出版发行

地址：杭州市体育场路347号

邮编：310006

电话：0571-85151082

网址：www.photo.zjcb.com

经销：全国新华书店

制版：浙江新华图文制作有限公司

印刷：三河市兴国印务有限公司

开本：710mm×1000mm　1/16

印张：14

2014年8月第1版　　2020年9月第4次印刷

ISBN 978-7-5514-0653-6

定价：48.00元